# 計《けい》算《さん》の王《おう》様《さま》シール

●がんばったシール

●ゴールシール

●じゆうに つかおうシール

## 2年生達《たっ》成《せい》表《ひょう》

# めざせ！計算の王《おう》様《さま》！

1ページ　おわるごとに　シールを　1つずつ
じゅんばんに　はろう！
ぜんぶ　はれたら、きみは　けいさんの　王さまだ！

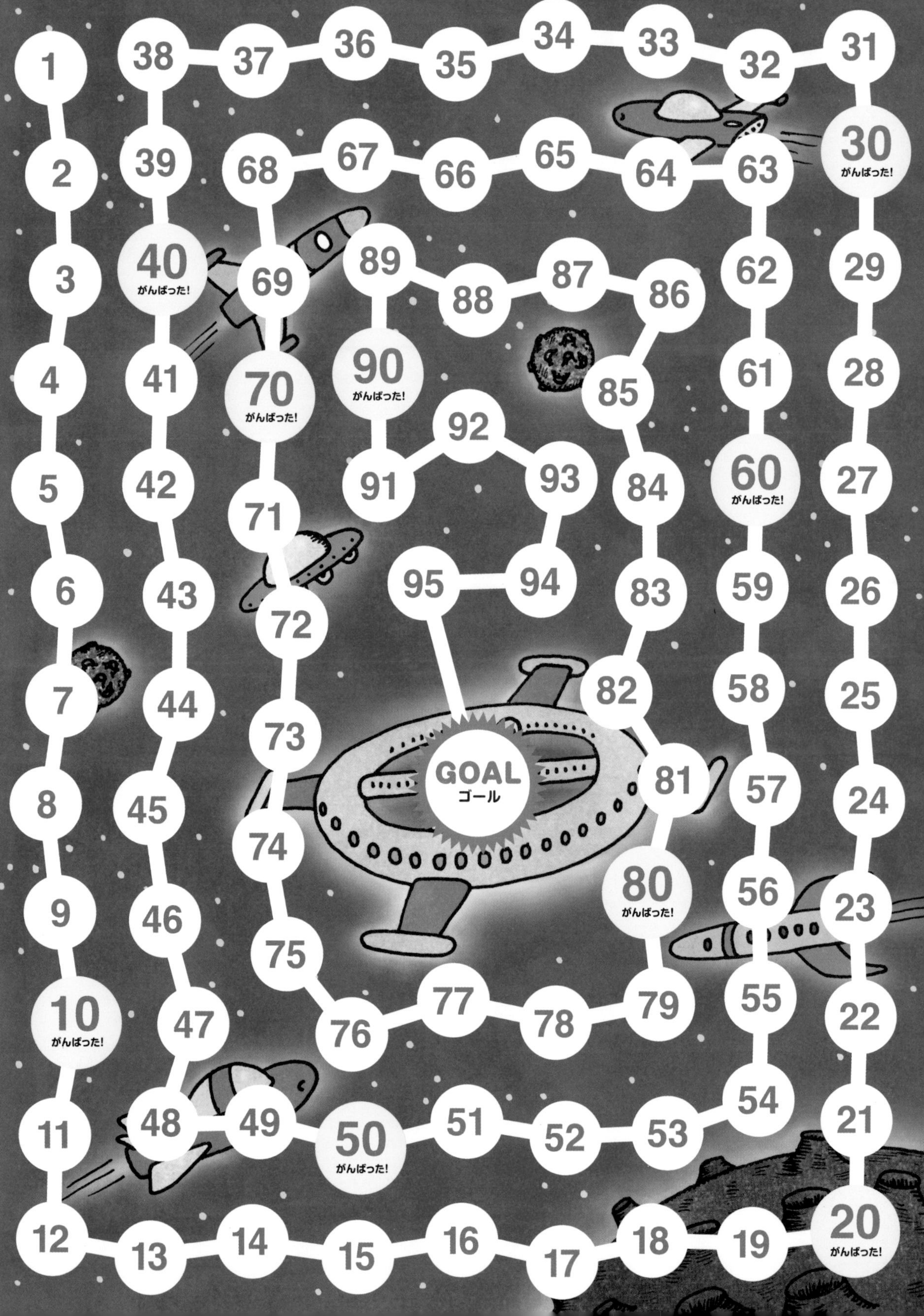

# このドリルの特長と使い方

このドリルは,「苦手をつくらない」ことを目的としたドリルです。単元ごとに「計算のしくみを理解するページ」と「くりかえし練習するページ」をもうけて,段階的に計算のしかたを学ぶことができます。

① りかい

**計算のしくみを理解する**ためのページです。計算のしかたのヒントが載っていますので,これにそって計算のしかたを学習しましょう。

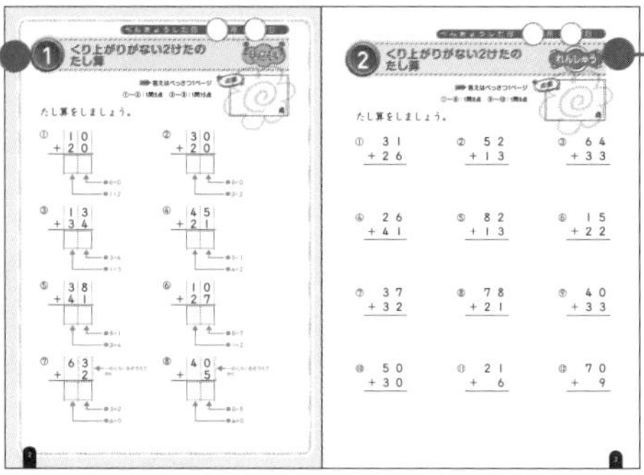


② れんしゅう

**「理解」で学習したことを身につける**ための練習ページです。「理解」で学習したことを思い出しながら計算していきましょう。

③ ニガテ

間違えやすい計算は,別に単元を設けています。こちらも「理解」→「練習」と段階をふんでいますので,重点的に学習することができます。

いっしょに使おう!

小学計算問題の正しい解き方

## もくじ




編集／青木　充　編集協力／有限会社 マイプラン 反橋たかみ　校正／下村良枝・牧野文ずさ　装丁デザイン／養父正一・松田英之（EYE-Some Design）
装丁・シールイラスト／北田哲也　本文デザイン／ハイ制作室 若林千秋　本文イラスト／西村博子

べんきょうした日　　月　　日

# 1 くり上がりがない2けたのたし算

りかい

▶▶▶ 答えはべっさつ1ページ

①〜②：1問5点　③〜⑧：1問15点

点数　　点

たし算をしましょう。

①

| | | |
|---|---|---|
| | 1 | 0 |
| ＋ | 2 | 0 |
| | □ | □ |

❶ 0+0
❷ 1+2

②

| | | |
|---|---|---|
| | 3 | 0 |
| ＋ | 2 | 0 |
| | □ | □ |

❶ 0+0
❷ 3+2

③

| | | |
|---|---|---|
| | 1 | 3 |
| ＋ | 3 | 4 |
| | □ | □ |

❶ 3+4
❷ 1+3

④

| | | |
|---|---|---|
| | 4 | 5 |
| ＋ | 2 | 1 |
| | □ | □ |

❶ 5+1
❷ 4+2

⑤

| | | |
|---|---|---|
| | 3 | 8 |
| ＋ | 4 | 1 |
| | □ | □ |

❶ 8+1
❷ 3+4

⑥

| | | |
|---|---|---|
| | 1 | 0 |
| ＋ | 2 | 7 |
| | □ | □ |

❶ 0+7
❷ 1+2

⑦

| | | |
|---|---|---|
| | 6 | 3 |
| ＋ | | 2 |
| | □ | □ |

← 一のくらいをそろえて書く

❶ 3+2
❷ 6+0

⑧

| | | |
|---|---|---|
| | 4 | 0 |
| ＋ | | 5 |
| | □ | □ |

← 一のくらいをそろえて書く

❶ 0+5
❷ 4+0

べんきょうした日　　月　　日

# 2 くり上がりがない2けたのたし算

れんしゅう

▶▶▶ 答えはべっさつ1ページ

①～⑧：1問8点　⑨～⑫：1問9点

点数　　点

たし算をしましょう。

① 31 ＋ 26

② 52 ＋ 13

③ 64 ＋ 33

④ 26 ＋ 41

⑤ 82 ＋ 13

⑥ 15 ＋ 22

⑦ 37 ＋ 32

⑧ 78 ＋ 21

⑨ 40 ＋ 33

⑩ 50 ＋ 30

⑪ 21 ＋ 6

⑫ 70 ＋ 9

べんきょうした日　　月　　日

# 3 くり上がりがない2けたのたし算

れんしゅう

▶▶▶ 答えはべっさつ1ページ

①～⑧：1問8点　⑨～⑫：1問9点

点数　　点

たし算をしましょう。

① $\begin{array}{r} 37 \\ +\ 22 \\ \hline \end{array}$

② $\begin{array}{r} 63 \\ +\ 36 \\ \hline \end{array}$

③ $\begin{array}{r} 84 \\ +\ 12 \\ \hline \end{array}$

④ $\begin{array}{r} 55 \\ +\ 23 \\ \hline \end{array}$

⑤ $\begin{array}{r} 61 \\ +\ 37 \\ \hline \end{array}$

⑥ $\begin{array}{r} 13 \\ +\ 12 \\ \hline \end{array}$

⑦ $\begin{array}{r} 15 \\ +\ 72 \\ \hline \end{array}$

⑧ $\begin{array}{r} 84 \\ +\ 14 \\ \hline \end{array}$

⑨ $\begin{array}{r} 26 \\ +\ 50 \\ \hline \end{array}$

⑩ $\begin{array}{r} 10 \\ +\ 80 \\ \hline \end{array}$

⑪ $\begin{array}{r} 42 \\ +\ \ 7 \\ \hline \end{array}$

⑫ $\begin{array}{r} 30 \\ +\ \ 9 \\ \hline \end{array}$

べんきょうした日　　月　　日

# 4 くり上がりがない2けたのたし算

れんしゅう

▶▶▶ 答えはべっさつ1ページ

点数　　　　点

①～⑧：1問8点　⑨～⑫：1問9点

たし算をしましょう。

① $\begin{array}{r} 24 \\ +\ 33 \\ \hline \end{array}$

② $\begin{array}{r} 72 \\ +\ 16 \\ \hline \end{array}$

③ $\begin{array}{r} 53 \\ +\ 21 \\ \hline \end{array}$

④ $\begin{array}{r} 34 \\ +\ 12 \\ \hline \end{array}$

⑤ $\begin{array}{r} 14 \\ +\ 63 \\ \hline \end{array}$

⑥ $\begin{array}{r} 45 \\ +\ 22 \\ \hline \end{array}$

⑦ $\begin{array}{r} 62 \\ +\ 37 \\ \hline \end{array}$

⑧ $\begin{array}{r} 56 \\ +\ 23 \\ \hline \end{array}$

⑨ $\begin{array}{r} 82 \\ +\ 10 \\ \hline \end{array}$

⑩ $\begin{array}{r} 40 \\ +\ 40 \\ \hline \end{array}$

⑪ $\begin{array}{r} 17 \\ +\ \ 2 \\ \hline \end{array}$

⑫ $\begin{array}{r} 26 \\ +\ \ 3 \\ \hline \end{array}$

# 5 くり上がりが1回ある 2けたのたし算 ①

りかい

▶▶▶ 答えはべっさつ1ページ

①〜②：1問10点　③〜⑥：1問20点

点数　　点

たし算をしましょう。

①

|   | 1 |   |
|---|---|---|
|   | 1 | 6 |
| + | 1 | 6 |
|   | □ | □ |

❷くり上げた1を書く
❶ 6+6=12 十のくらいに 1 くり上げる
❸ 1+1+1

②

|   | □ |   |
|---|---|---|
|   | 2 | 6 |
| + | 2 | 6 |
|   | □ | □ |

❷くり上げた1を書く
❶ 6+6=12 十のくらいに 1 くり上げる
❸ 1+2+2

③

|   | □ |   |
|---|---|---|
|   | 1 | 7 |
| + | 3 | 4 |
|   | □ | □ |

❷くり上げた1を書く
❶ 7+4=11 十のくらいに 1 くり上げる
❸ 1+1+3

④

|   | □ |   |
|---|---|---|
|   | 4 | 5 |
| + | 2 | 8 |
|   | □ | □ |

❷くり上げた1を書く
❶ 5+8=13 十のくらいに 1 くり上げる
❸ 1+4+2

⑤

|   |   |   |
|---|---|---|
|   | 3 | 3 |
| + | 8 | 2 |
| □ | □ | □ |

❶ 3+2
❷ 3+8=11 百のくらいに 1 くり上げる
❸くり上げた 1 を書く

⑥

|   |   |   |
|---|---|---|
|   | 5 | 3 |
| + | 8 | 5 |
| □ | □ | □ |

❶ 3+5
❷ 5+8=13 百のくらいに 1 くり上げる
❸くり上げた 1 を書く

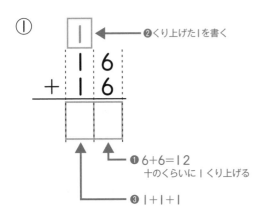

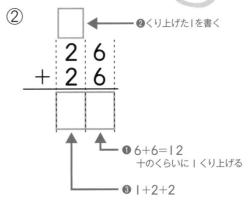

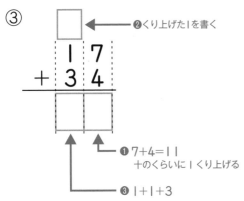

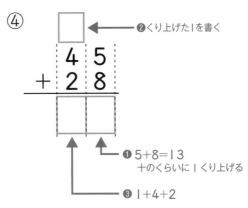

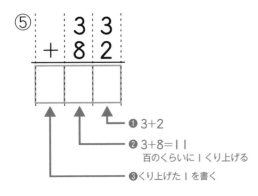

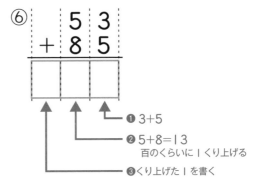

べんきょうした日　　月　　日

# 6 くり上がりが1回ある 2けたのたし算①

れんしゅう

▶▶▶ 答えはべっさつ2ページ

①〜⑧：1問8点　⑨〜⑫：1問9点

点数　　点

たし算をしましょう。

① 38 + 26

② 52 + 19

③ 47 + 28

④ 16 + 49

⑤ 68 + 18

⑥ 15 + 27

⑦ 37 + 34

⑧ 26 + 25

⑨ 49 + 31

⑩ 52 + 38

⑪ 49 + 13

⑫ 56 + 27

べんきょうした日　　月　　日

# 7 くり上がりが1回ある2けたのたし算①

れんしゅう

▶▶▶ 答えはべっさつ2ページ

①～⑧：1問8点　⑨～⑫：1問9点

点数　　点

たし算をしましょう。

| | | |
|---|---|---|
| ① 73 + 72 = | ② 61 + 45 = | ③ 95 + 21 = |
| ④ 53 + 82 = | ⑤ 91 + 73 = | ⑥ 84 + 64 = |
| ⑦ 51 + 77 = | ⑧ 82 + 41 = | ⑨ 53 + 54 = |
| ⑩ 71 + 32 = | ⑪ 84 + 32 = | ⑫ 93 + 51 = |

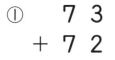

べんきょうした日　　月　　日

# 8 くり上がりが1回ある 2けたのたし算①

れんしゅう

答えはべっさつ2ページ

①～⑧：1問8点　⑨～⑫：1問9点

点数　　点

たし算をしましょう。

① $\begin{array}{r} 94 \\ +\ 33 \\ \hline \end{array}$

② $\begin{array}{r} 77 \\ +\ 61 \\ \hline \end{array}$

③ $\begin{array}{r} 32 \\ +\ 82 \\ \hline \end{array}$

④ $\begin{array}{r} 93 \\ +\ 91 \\ \hline \end{array}$

⑤ $\begin{array}{r} 51 \\ +\ 68 \\ \hline \end{array}$

⑥ $\begin{array}{r} 42 \\ +\ 72 \\ \hline \end{array}$

⑦ $\begin{array}{r} 41 \\ +\ 85 \\ \hline \end{array}$

⑧ $\begin{array}{r} 65 \\ +\ 92 \\ \hline \end{array}$

⑨ $\begin{array}{r} 22 \\ +\ 81 \\ \hline \end{array}$

⑩ $\begin{array}{r} 64 \\ +\ 44 \\ \hline \end{array}$

⑪ $\begin{array}{r} 83 \\ +\ 21 \\ \hline \end{array}$

⑫ $\begin{array}{r} 74 \\ +\ 53 \\ \hline \end{array}$

# 9 くり上がりが1回ある2けたのたし算②

りかい

▶▶▶ 答えはべっさつ2ページ

①〜②：1問10点　③〜⑥：1問20点

点数　　点

たし算をしましょう。

①

1 ← ❷くり上げた1を書く

$$\begin{array}{r} 15 \\ +\ \ 9 \\ \hline \end{array}$$

❶5+9=14 十のくらいに1くり上げる

❸1+1

②

← ❷くり上げた1を書く

$$\begin{array}{r} 25 \\ +\ \ 9 \\ \hline \end{array}$$

❶5+9=14 十のくらいに1くり上げる

❸1+2

③

← ❷くり上げた1を書く

$$\begin{array}{r} 17 \\ +\ \ 4 \\ \hline \end{array}$$

❶7+4=11 十のくらいに1くり上げる

❸1+1

④

← ❷くり上げた1を書く

$$\begin{array}{r} 25 \\ +\ \ 8 \\ \hline \end{array}$$

❶5+8=13 十のくらいに1くり上げる

❸1+2

⑤

← ❷くり上げた1を書く

$$\begin{array}{r} 56 \\ +\ \ 7 \\ \hline \end{array}$$

❶6+7=13 十のくらいに1くり上げる

❸1+5

⑥

← ❷くり上げた1を書く

$$\begin{array}{r} 39 \\ +\ \ 1 \\ \hline \end{array}$$

❶9+1=10 十のくらいに1くり上げる

❸1+3

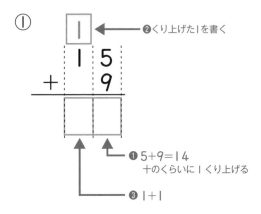

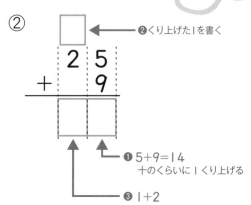

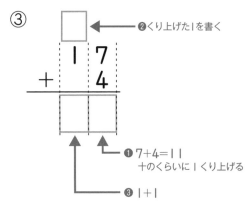

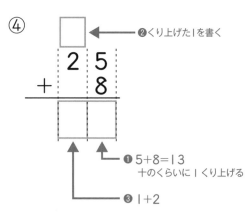

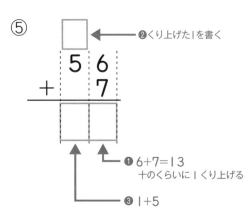

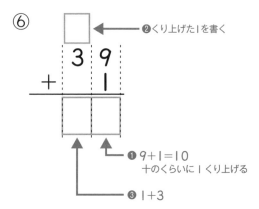

べんきょうした日　　月　　日

# 10 くり上がりが1回ある 2けたのたし算②

れんしゅう

答えはべっさつ2ページ

①〜⑧：1問8点　⑨〜⑫：1問9点

点数　　点

たし算をしましょう。

① $\begin{array}{r} 39 \\ +\ \ 6 \\ \hline \end{array}$

② $\begin{array}{r} 58 \\ +\ \ 5 \\ \hline \end{array}$

③ $\begin{array}{r} 64 \\ +\ \ 7 \\ \hline \end{array}$

④ $\begin{array}{r} 26 \\ +\ \ 5 \\ \hline \end{array}$

⑤ $\begin{array}{r} 89 \\ +\ \ 3 \\ \hline \end{array}$

⑥ $\begin{array}{r} 15 \\ +\ \ 8 \\ \hline \end{array}$

⑦ $\begin{array}{r} 37 \\ +\ \ 6 \\ \hline \end{array}$

⑧ $\begin{array}{r} 78 \\ +\ \ 4 \\ \hline \end{array}$

⑨ $\begin{array}{r} 43 \\ +\ \ 7 \\ \hline \end{array}$

⑩ $\begin{array}{r} 55 \\ +\ \ 5 \\ \hline \end{array}$

⑪ $\begin{array}{r} 21 \\ +\ \ 9 \\ \hline \end{array}$

⑫ $\begin{array}{r} 76 \\ +\ \ 4 \\ \hline \end{array}$

べんきょうした日　　月　　日

# 11 くり上がりが1回ある 2けたのたし算②

れんしゅう

答えはべっさつ2ページ

点数　　点

①～⑧：1問8点　⑨～⑫：1問9点

たし算をしましょう。

① 37 + 9

② 66 + 8

③ 85 + 7

④ 58 + 3

⑤ 67 + 4

⑥ 19 + 2

⑦ 14 + 9

⑧ 86 + 5

⑨ 29 + 1

⑩ 18 + 2

⑪ 37 + 3

⑫ 45 + 5

べんきょうした日　　月　　日

# 12 くり上がりが1回ある2けたのたし算②

れんしゅう

▶▶▶ 答えはべっさつ2ページ

点数

①～⑧：1問8点　⑨～⑫：1問9点

点

たし算をしましょう。

① $44 + 8$

② $77 + 6$

③ $53 + 9$

④ $84 + 7$

⑤ $18 + 3$

⑥ $49 + 2$

⑦ $65 + 7$

⑧ $56 + 8$

⑨ $87 + 3$

⑩ $49 + 1$

⑪ $68 + 2$

⑫ $36 + 4$

べんきょうした日　　月　　日

# 13 くり上がりが1回ある 2けたのたし算③

りかい

▶▶▶ 答えはべっさつ3ページ

①〜②：1問10点　③〜⑥：1問20点

点数　　点

たし算をしましょう。

①

[1] ← ❷くり上げた1を書く

$$\begin{array}{r} 7 \\ +\ 1\ 8 \\ \hline \square\square \end{array}$$

❶ 7+8=15 十のくらいに1くり上げる

❸ 1+1

②

[ ] ← ❷くり上げた1を書く

$$\begin{array}{r} 7 \\ +\ 2\ 8 \\ \hline \square\square \end{array}$$

❶ 7+8=15 十のくらいに1くり上げる

❸ 1+2

③

[ ] ← ❷くり上げた1を書く

$$\begin{array}{r} 9 \\ +\ 3\ 4 \\ \hline \square\square \end{array}$$

❶ 9+4=13 十のくらいに1くり上げる

❸ 1+3

④

[ ] ← ❷くり上げた1を書く

$$\begin{array}{r} 6 \\ +\ 4\ 6 \\ \hline \square\square \end{array}$$

❶ 6+6=12 十のくらいに1くり上げる

❸ 1+4

⑤

[ ] ← ❷くり上げた1を書く

$$\begin{array}{r} 9 \\ +\ 3\ 3 \\ \hline \square\square \end{array}$$

❶ 9+3=12 十のくらいに1くり上げる

❸ 1+3

⑥

[ ] ← ❷くり上げた1を書く

$$\begin{array}{r} 6 \\ +\ 2\ 4 \\ \hline \square\square \end{array}$$

❶ 6+4=10 十のくらいに1くり上げる

❸ 1+2

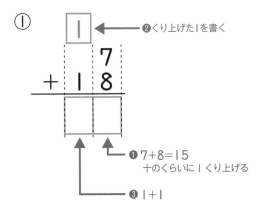

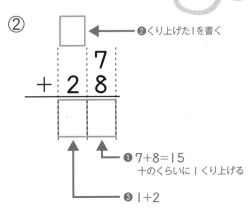

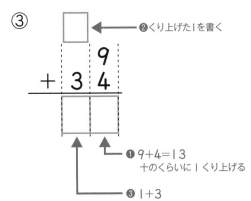

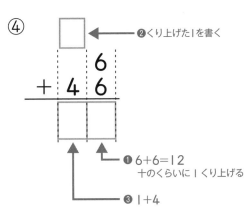

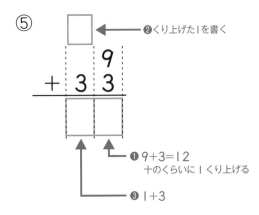

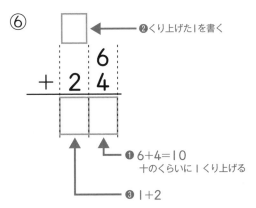

# 答えとおうちのかた手引き

## 1 くり上がりがない2けたの たし算 りかい

▶▶▶本さつ2ページ

| | | | |
|---|---|---|---|
| ① 30 | ② 50 | ③ 47 | ④ 66 |
| ⑤ 79 | ⑥ 37 | ⑦ 65 | ⑧ 45 |

**ポイント**

位をそろえて書いて，一の位，十の位の順に，位ごとにたすことを理解させてください。
また，空いている位は 0 と考えて計算させましょう。

## 2 くり上がりがない2けたの たし算 れんしゅう

▶▶▶本さつ3ページ

| | | | |
|---|---|---|---|
| ① 57 | ② 65 | ③ 97 | ④ 67 |
| ⑤ 95 | ⑥ 37 | ⑦ 69 | ⑧ 99 |
| ⑨ 73 | ⑩ 80 | ⑪ 27 | ⑫ 79 |

## 3 くり上がりがない2けたの たし算 れんしゅう

▶▶▶本さつ4ページ

| | | | |
|---|---|---|---|
| ① 59 | ② 99 | ③ 96 | ④ 78 |
| ⑤ 98 | ⑥ 25 | ⑦ 87 | ⑧ 98 |
| ⑨ 76 | ⑩ 90 | ⑪ 49 | ⑫ 39 |

## 4 くり上がりがない2けたの たし算 れんしゅう

▶▶▶本さつ5ページ

| | | | |
|---|---|---|---|
| ① 57 | ② 88 | ③ 74 | ④ 46 |
| ⑤ 77 | ⑥ 67 | ⑦ 99 | ⑧ 79 |
| ⑨ 92 | ⑩ 80 | ⑪ 19 | ⑫ 29 |

## 5 くり上がりが1回ある 2けたのたし算 ① りかい

▶▶▶本さつ6ページ

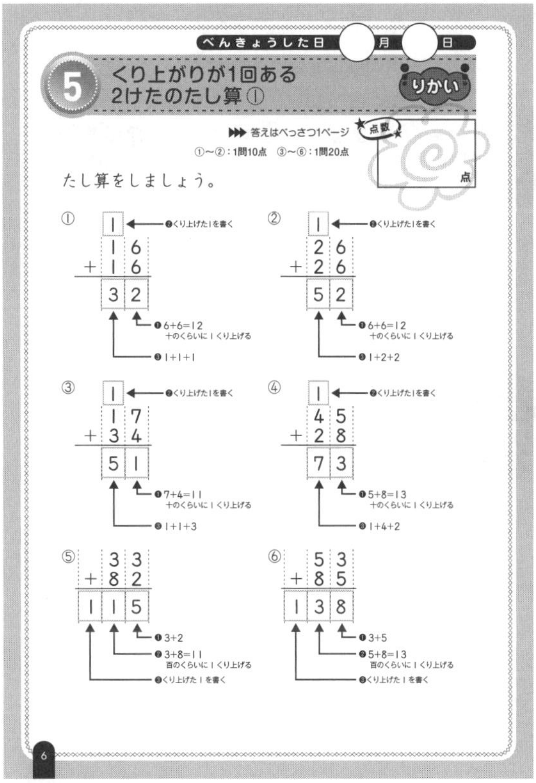
べんきょうした日　月　日

5 くり上がりが1回ある 2けたのたし算 ① りかい

▶▶▶ 答えはべっさつ1ページ　点数　点

①～②：1問10点　③～⑥：1問20点

たし算をしましょう。

① 16 + 16 = 32
❷くり上げた1を書く
❶6+6=12 十のくらいに 1 くり上げる
❸1+1+1

② 26 + 26 = 52
❷くり上げた1を書く
❶6+6=12 十のくらいに 1 くり上げる
❸1+2+2

③ 17 + 34 = 51
❷くり上げた1を書く
❶7+4=11 十のくらいに 1 くり上げる
❸1+1+3

④ 45 + 28 = 73
❷くり上げた1を書く
❶5+8=13 十のくらいに 1 くり上げる
❸1+4+2

⑤ 33 + 82 = 115
❶3+2
❷3+8=11 百のくらいに 1 くり上げる
❸くり上げた 1 を書く

⑥ 53 + 85 = 138
❶3+5
❷5+8=13 百のくらいに 1 くり上げる
❸くり上げた 1 を書く

6

**ポイント**

一の位から先に計算をし，くり上げた 1 を十の位の数字の上に書くことを理解させてください。
また，十の位を計算するときに，くり上げた 1 をたし忘れていないか注意させましょう。
十の位の計算でくり上がるときには，百の位にそのまま 1 を書かせます。

## 6 くり上がりが1回ある 2けたのたし算 ① れんしゅう

▶▶▶本さつ7ページ

| | | | |
|---|---|---|---|
| ① 64 | ② 71 | ③ 75 | ④ 65 |
| ⑤ 86 | ⑥ 42 | ⑦ 71 | ⑧ 51 |
| ⑨ 80 | ⑩ 90 | ⑪ 62 | ⑫ 83 |

## 7 くり上がりが1回ある 2けたのたし算 ① れんしゅう

▶▶▶本さつ8ページ

| | | | |
|---|---|---|---|
| ① 145 | ② 106 | ③ 116 | ④ 135 |
| ⑤ 164 | ⑥ 148 | ⑦ 128 | ⑧ 123 |
| ⑨ 107 | ⑩ 103 | ⑪ 116 | ⑫ 144 |

## 8 くり上がりが1回ある 2けたのたし算 ① れんしゅう

▶▶▶本さつ9ページ

| | | | |
|---|---|---|---|
| ① 127 | ② 138 | ③ 114 | ④ 184 |
| ⑤ 119 | ⑥ 114 | ⑦ 126 | ⑧ 157 |
| ⑨ 103 | ⑩ 108 | ⑪ 104 | ⑫ 127 |

## 9 くり上がりが1回ある 2けたのたし算 ② りかい

▶▶▶本さつ10ページ

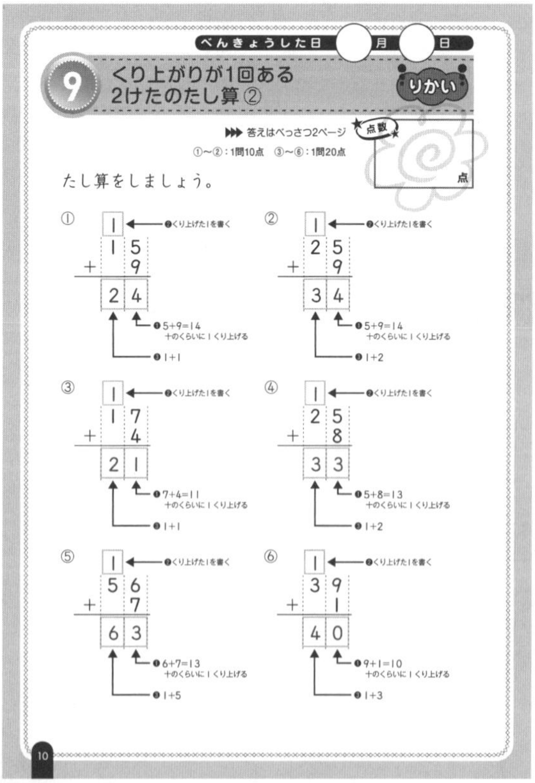
べんきょうした日　月　日

9 くり上がりが1回ある 2けたのたし算 ② りかい

▶▶▶答えはべっさつ2ページ

①〜②：1問10点　③〜⑥：1問20点

点数　点

たし算をしましょう。

①
1 ←❷くり上げた1を書く
15
+ 9
24
❶5+9=14 十のくらいに1くり上げる
❸1+1

②
1 ←❷くり上げた1を書く
25
+ 9
34
❶5+9=14 十のくらいに1くり上げる
❸1+2

③
1 ←❷くり上げた1を書く
17
+ 4
21
❶7+4=11 十のくらいに1くり上げる
❸1+1

④
1 ←❷くり上げた1を書く
25
+ 8
33
❶5+8=13 十のくらいに1くり上げる
❸1+2

⑤
1 ←❷くり上げた1を書く
56
+ 7
63
❶6+7=13 十のくらいに1くり上げる
❸1+5

⑥
1 ←❷くり上げた1を書く
39
+ 1
40
❶9+1=10 十のくらいに1くり上げる
❸1+3

10

**ポイント**

一の位から先に計算をし，くり上げた1をたし忘れていないか注意させましょう。
また，空いている位は0と考えて計算させましょう。

## 10 くり上がりが1回ある 2けたのたし算 ② れんしゅう

▶▶▶本さつ11ページ

| | | | |
|---|---|---|---|
| ① 45 | ② 63 | ③ 71 | ④ 31 |
| ⑤ 92 | ⑥ 23 | ⑦ 43 | ⑧ 82 |
| ⑨ 50 | ⑩ 60 | ⑪ 30 | ⑫ 80 |

## 11 くり上がりが1回ある 2けたのたし算 ② れんしゅう

▶▶▶本さつ12ページ

| | | | |
|---|---|---|---|
| ① 46 | ② 74 | ③ 92 | ④ 61 |
| ⑤ 71 | ⑥ 21 | ⑦ 23 | ⑧ 91 |
| ⑨ 30 | ⑩ 20 | ⑪ 40 | ⑫ 50 |

## 12 くり上がりが1回ある 2けたのたし算 ② れんしゅう

▶▶▶本さつ13ページ

| | | | |
|---|---|---|---|
| ① 52 | ② 83 | ③ 62 | ④ 91 |
| ⑤ 21 | ⑥ 51 | ⑦ 72 | ⑧ 64 |
| ⑨ 90 | ⑩ 50 | ⑪ 70 | ⑫ 40 |

## 13 くり上がりが1回ある 2けたのたし算 ③ りかい

▶▶▶ 本さつ14ページ

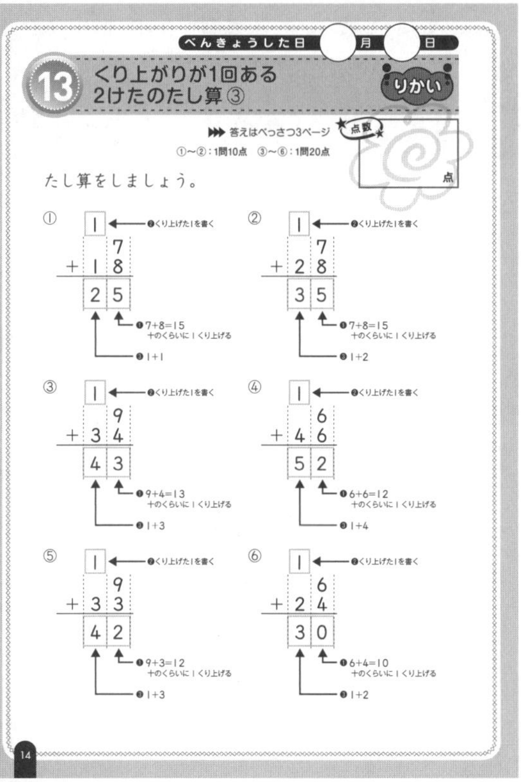
べんきょうした日 月 日

13 くり上がりが1回ある 2けたのたし算 ③ りかい

▶▶▶ 答えはべっさつ3ページ 点数

①～②：1問10点 ③～⑥：1問20点

点

たし算をしましょう。

① 7＋18＝25
❷くり上げた1を書く
❶7+8=15 十のくらいに1くり上げる
❸1+1

② 7＋28＝35
❷くり上げた1を書く
❶7+8=15 十のくらいに1くり上げる
❸1+2

③ 9＋34＝43
❷くり上げた1を書く
❶9+4=13 十のくらいに1くり上げる
❸1+3

④ 6＋46＝52
❷くり上げた1を書く
❶6+6=12 十のくらいに1くり上げる
❸1+4

⑤ 9＋33＝42
❷くり上げた1を書く
❶9+3=12 十のくらいに1くり上げる
❸1+3

⑥ 6＋24＝30
❷くり上げた1を書く
❶6+4=10 十のくらいに1くり上げる
❸1+2

14

**ポイント**

一の位から先に計算をし，くり上げた 1 をたし忘れていないか注意させましょう。
また，空いている位は 0 と考えて計算させましょう。

## 14 くり上がりが1回ある 2けたのたし算 ③ れんしゅう

▶▶▶ 本さつ15ページ

| | | | |
|---|---|---|---|
| ① 37 | ② 22 | ③ 72 | ④ 63 |
| ⑤ 33 | ⑥ 28 | ⑦ 51 | ⑧ 91 |
| ⑨ 40 | ⑩ 20 | ⑪ 80 | ⑫ 50 |

## 15 くり上がりが1回ある 2けたのたし算 ③ れんしゅう

▶▶▶ 本さつ16ページ

| | | | |
|---|---|---|---|
| ① 66 | ② 43 | ③ 24 | ④ 71 |
| ⑤ 51 | ⑥ 43 | ⑦ 83 | ⑧ 42 |
| ⑨ 60 | ⑩ 80 | ⑪ 50 | ⑫ 30 |

## 16 くり上がりが1回ある 2けたのたし算 ③ れんしゅう

▶▶▶ 本さつ17ページ

| | | | |
|---|---|---|---|
| ① 24 | ② 32 | ③ 61 | ④ 56 |
| ⑤ 41 | ⑥ 91 | ⑦ 72 | ⑧ 24 |
| ⑨ 50 | ⑩ 60 | ⑪ 30 | ⑫ 90 |

## 17 くり上がりが2回ある 2けたのたし算 りかい

▶▶▶ 本さつ18ページ

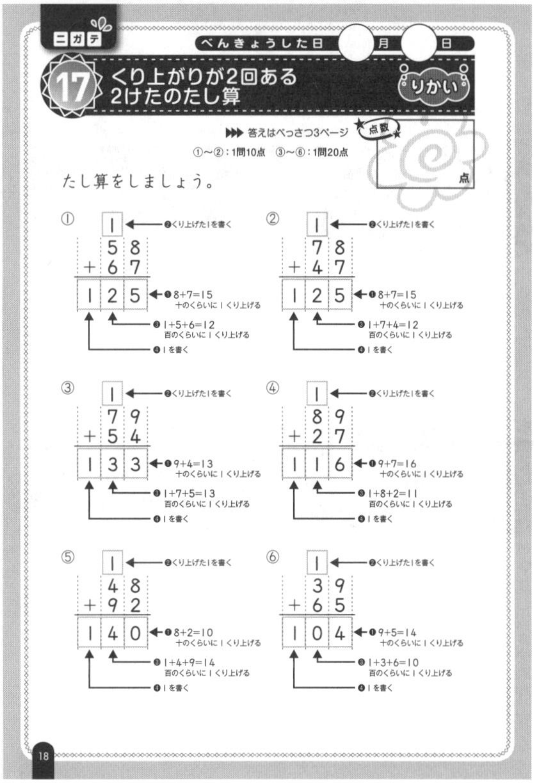
ニガテ

べんきょうした日 月 日

17 くり上がりが2回ある 2けたのたし算 りかい

▶▶▶ 答えはべっさつ3ページ 点数

①～②：1問10点 ③～⑥：1問20点

点

たし算をしましょう。

① 58＋67＝125
❷くり上げた1を書く
❶8+7=15 十のくらいに1くり上げる
❸1+5+6=12 百のくらいに1くり上げる
❹1を書く

② 78＋47＝125
❷くり上げた1を書く
❶8+7=15 十のくらいに1くり上げる
❸1+7+4=12 百のくらいに1くり上げる
❹1を書く

③ 79＋54＝133
❷くり上げた1を書く
❶9+4=13 十のくらいに1くり上げる
❸1+7+5=13 百のくらいに1くり上げる
❹1を書く

④ 89＋27＝116
❷くり上げた1を書く
❶9+7=16 十のくらいに1くり上げる
❸1+8+2=11 百のくらいに1くり上げる
❹1を書く

⑤ 48＋92＝140
❷くり上げた1を書く
❶8+2=10 十のくらいに1くり上げる
❸1+4+9=14 百のくらいに1くり上げる
❹1を書く

⑥ 39＋65＝104
❷くり上げた1を書く
❶9+5=14 十のくらいに1くり上げる
❸1+3+6=10 百のくらいに1くり上げる
❹1を書く

18

**ポイント**

一の位から先に計算をし，くり上げた 1 をたし忘れていないか注意させましょう。

**ここが ニガテ**

くり上がりが 2 回ある計算では，十の位へのくり上がりを書き忘れて，計算を間違うことが多いので，必ずくり上げた 1 を書くようにさせましょう。

## 18 くり上がりが2回ある2けたのたし算 れんしゅう

▶▶▶本さつ19ページ

① 151　② 132　③ 133　④ 151
⑤ 121　⑥ 110　⑦ 123　⑧ 142
⑨ 130　⑩ 150　⑪ 103　⑫ 105

## 19 くり上がりが2回ある2けたのたし算 れんしゅう

▶▶▶本さつ20ページ

① 135　② 121　③ 126　④ 153
⑤ 124　⑥ 164　⑦ 115　⑧ 122
⑨ 170　⑩ 160　⑪ 102　⑫ 104

## 20 くり上がりが2回ある2けたのたし算 れんしゅう

▶▶▶本さつ21ページ

① 146　② 123　③ 134　④ 122
⑤ 112　⑥ 114　⑦ 124　⑧ 121
⑨ 130　⑩ 150　⑪ 101　⑫ 100

## 21 くり上がりが2回ある2けたのたし算 れんしゅう

▶▶▶本さつ22ページ

① 134　② 142　③ 121　④ 146
⑤ 152　⑥ 123　⑦ 113　⑧ 141
⑨ 120　⑩ 180　⑪ 100　⑫ 103

## 22 たし算のまとめ なんの数字《すうじ》がかくれているかな？

▶▶▶本さつ23ページ

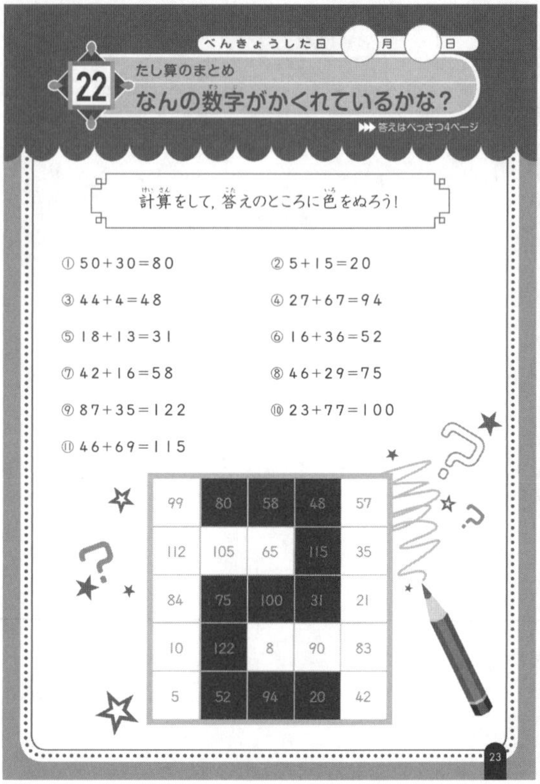
べんきょうした日　月　日

22 たし算のまとめ

なんの数字《すうじ》がかくれているかな？

▶▶▶答えはべっさつ4ページ

計算《けいさん》をして，答《こた》えのところに色《いろ》をぬろう！

① 50+30=80　② 5+15=20
③ 44+4=48　④ 27+67=94
⑤ 18+13=31　⑥ 16+36=52
⑦ 42+16=58　⑧ 46+29=75
⑨ 87+35=122　⑩ 23+77=100
⑪ 46+69=115

| | | | | |
|---|---|---|---|---|
| 99 | 80 | 58 | 48 | 57 |
| 112 | 105 | 65 | 115 | 35 |
| 84 | 75 | 100 | 31 | 21 |
| 10 | 122 | 8 | 90 | 83 |
| 5 | 52 | 94 | 20 | 42 |

23

## 23 くり下がりがない2けたのひき算① りかい

▶▶▶本さつ24ページ

① 10　② 40　③ 23　④ 17
⑤ 25　⑥ 32　⑦ 91　⑧ 81

**ポイント**

位をそろえて書いて，一の位，十の位の順に，位ごとにひくことを理解させてください。
空いている位は 0 と考えて計算させましょう。

## 24 くり下がりがない2けたのひき算① れんしゅう

▶▶▶本さつ25ページ

① 24　② 14　③ 52　④ 28
⑤ 41　⑥ 34　⑦ 42　⑧ 33
⑨ 11　⑩ 49　⑪ 51　⑫ 62

## 25 くり下がりがない2けたのひき算① れんしゅう

▶▶▶ 本さつ26ページ

① 42　② 12　③ 35　④ 17
⑤ 25　⑥ 21　⑦ 56　⑧ 33
⑨ 27　⑩ 25　⑪ 52　⑫ 65

## 26 くり下がりがない2けたのひき算① れんしゅう

▶▶▶ 本さつ27ページ

① 35　② 35　③ 83　④ 34
⑤ 41　⑥ 64　⑦ 21　⑧ 53
⑨ 48　⑩ 11　⑪ 61　⑫ 72

## 27 くり下がりがない2けたのひき算② りかい

▶▶▶ 本さつ28ページ

① 20　② 10　③ 50　④ 6
⑤ 7　⑥ 1　⑦ 70　⑧ 30

**ポイント**

一の位，十の位の順に位ごとにひくこと，空いている位は 0 と考えることを注意させましょう。
また，十の位が 0 になるときは，何も書かないことを理解させましょう。

## 28 くり下がりがない2けたのひき算② れんしゅう

▶▶▶ 本さつ29ページ

① 40　② 40　③ 30　④ 20
⑤ 4　⑥ 3　⑦ 1　⑧ 2
⑨ 50　⑩ 90　⑪ 80　⑫ 60

## 29 くり下がりがない2けたのひき算② れんしゅう

▶▶▶ 本さつ30ページ

① 60　② 30　③ 40　④ 20
⑤ 5　⑥ 3　⑦ 8　⑧ 4
⑨ 80　⑩ 10　⑪ 70　⑫ 90

## 30 くり下がりがない2けたのひき算② れんしゅう

▶▶▶ 本さつ31ページ

① 10　② 70　③ 50　④ 20
⑤ 6　⑥ 4　⑦ 5　⑧ 3
⑨ 90　⑩ 30　⑪ 20　⑫ 70

## 31 くり下がりが1回ある2けたのひき算① りかい

▶▶▶ 本さつ32ページ

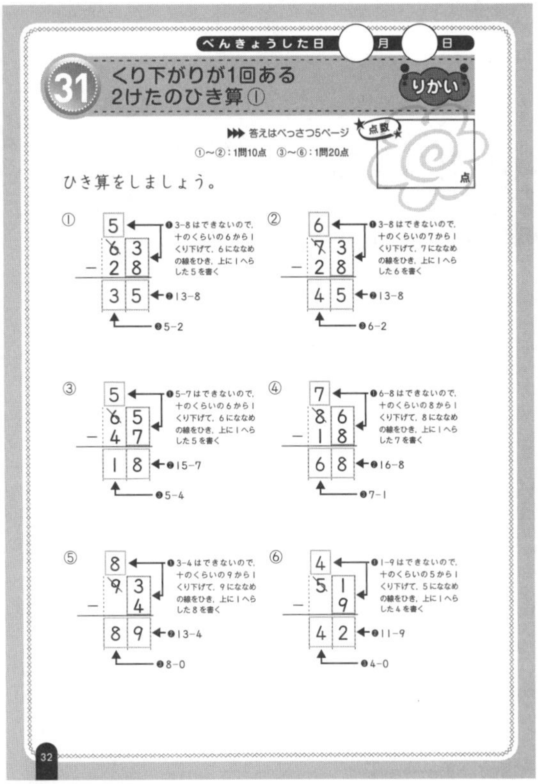
べんきょうした日　月　日

31 くり下がりが1回ある2けたのひき算① りかい

▶▶▶ 答えはべっさつ5ページ

点数　点

①～②：1問10点　③～⑥：1問20点

ひき算をしましょう。

① 63 − 28 = 35
❶ 3−8 はできないので，十のくらいの 6 から 1 くり下げて，6 にななめの線をひき，上に 1 へらした 5 を書く
❷ 13−8
❸ 5−2

② 73 − 28 = 45
❶ 3−8 はできないので，十のくらいの 7 から 1 くり下げて，7 にななめの線をひき，上に 1 へらした 6 を書く
❷ 13−8
❸ 6−2

③ 65 − 47 = 18
❶ 5−7 はできないので，十のくらいの 6 から 1 くり下げて，6 にななめの線をひき，上に 1 へらした 5 を書く
❷ 15−7
❸ 5−4

④ 86 − 18 = 68
❶ 6−8 はできないので，十のくらいの 8 から 1 くり下げて，8 にななめの線をひき，上に 1 へらした 7 を書く
❷ 16−8
❸ 7−1

⑤ 93 − 4 = 89
❶ 3−4 はできないので，十のくらいの 9 から 1 くり下げて，9 にななめの線をひき，上に 1 へらした 8 を書く
❷ 13−4
❸ 8−0

⑥ 51 − 9 = 42
❶ 1−9 はできないので，十のくらいの 5 から 1 くり下げて，5 にななめの線をひき，上に 1 へらした 4 を書く
❷ 11−9
❸ 4−0

32

**ポイント**

一の位だけではひけないため，十の位から 1 くり下げることを理解させましょう。
また，くり下げた数に斜線をひき，上に 1 ひいた数を書くことも理解させましょう。

## 32 くり下がりが1回ある2けたのひき算① れんしゅう

▶▶▶ 本さつ33ページ

① 16　② 57　③ 37　④ 26
⑤ 29　⑥ 16　⑦ 69　⑧ 18
⑨ 88　⑩ 53　⑪ 27　⑫ 43

## 33 くり下がりが1回ある 2けたのひき算① れんしゅう

▶▶▶本さつ34ページ

| | | | |
|---|---|---|---|
| ① 48 | ② 39 | ③ 25 | ④ 15 |
| ⑤ 44 | ⑥ 26 | ⑦ 19 | ⑧ 28 |
| ⑨ 76 | ⑩ 36 | ⑪ 57 | ⑫ 64 |

## 34 くり下がりが1回ある 2けたのひき算① れんしゅう

▶▶▶本さつ35ページ

| | | | |
|---|---|---|---|
| ① 57 | ② 66 | ③ 24 | ④ 19 |
| ⑤ 35 | ⑥ 48 | ⑦ 45 | ⑧ 38 |
| ⑨ 42 | ⑩ 25 | ⑪ 76 | ⑫ 87 |

## 35 くり下がりが1回ある 2けたのひき算② りかい

▶▶▶本さつ36ページ

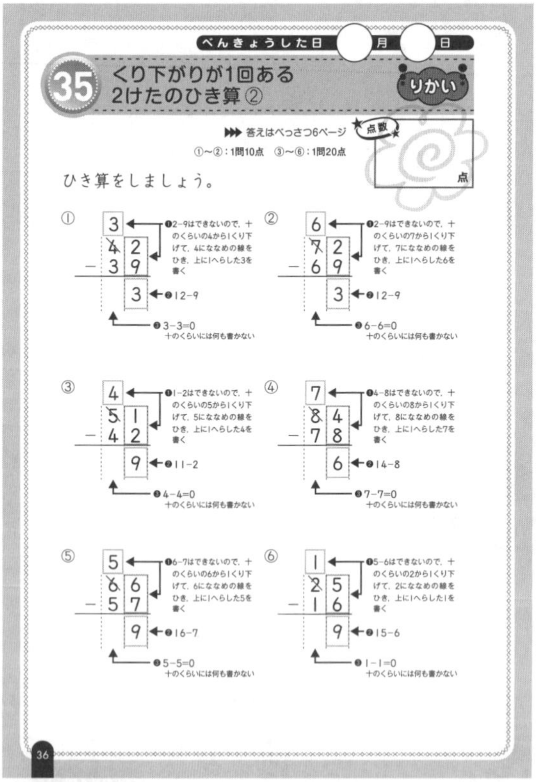
べんきょうした日　月　日

35 くり下がりが1回ある 2けたのひき算② りかい

▶▶▶ 答えはべっさつ6ページ

①～②：1問10点　③～⑥：1問20点

点数　点

ひき算をしましょう。

① 42 − 39 = 3
❶2−9はできないので，十のくらいの4から1くり下げて，4にななめの線をひき，上に1へらした3を書く
❷12−9
❸3−3=0 十のくらいには何も書かない

② 72 − 69 = 3
❶2−9はできないので，十のくらいの7から1くり下げて，7にななめの線をひき，上に1へらした6を書く
❷12−9
❸6−6=0 十のくらいには何も書かない

③ 51 − 42 = 9
❶1−2はできないので，十のくらいの5から1くり下げて，5にななめの線をひき，上に1へらした4を書く
❷11−2
❸4−4=0 十のくらいには何も書かない

④ 84 − 78 = 6
❶4−8はできないので，十のくらいの8から1くり下げて，8にななめの線をひき，上に1へらした7を書く
❷14−8
❸7−7=0 十のくらいには何も書かない

⑤ 66 − 57 = 9
❶6−7はできないので，十のくらいの6から1くり下げて，6にななめの線をひき，上に1へらした5を書く
❷16−7
❸5−5=0 十のくらいには何も書かない

⑥ 25 − 16 = 9
❶5−6はできないので，十のくらいの2から1くり下げて，2にななめの線をひき，上に1へらした1を書く
❷15−6
❸1−1=0 十のくらいには何も書かない

36

**ポイント**

一の位だけではひけないため，十の位から1くり下げることに注意させましょう。
また，十の位が0になるときは，何も書かないことに注意させましょう。

## 36 くり下がりが1回ある 2けたのひき算② れんしゅう

▶▶▶本さつ37ページ

| | | | |
|---|---|---|---|
| ① 8 | ② 7 | ③ 5 | ④ 9 |
| ⑤ 8 | ⑥ 4 | ⑦ 7 | ⑧ 6 |
| ⑨ 7 | ⑩ 5 | ⑪ 5 | ⑫ 3 |

**ポイント**

一の位だけではひけないため，十の位から1くり下げることに注意させましょう。
また，十の位が0になるときは，何も書かないことに注意させましょう。

## 37 くり下がりが1回ある 2けたのひき算② れんしゅう

▶▶▶本さつ38ページ

| | | | |
|---|---|---|---|
| ① 8 | ② 9 | ③ 6 | ④ 5 |
| ⑤ 9 | ⑥ 4 | ⑦ 8 | ⑧ 3 |
| ⑨ 7 | ⑩ 5 | ⑪ 7 | ⑫ 3 |

## 38 くり下がりが1回ある 2けたのひき算② れんしゅう

▶▶▶本さつ39ページ

| | | | |
|---|---|---|---|
| ① 4 | ② 6 | ③ 5 | ④ 2 |
| ⑤ 9 | ⑥ 6 | ⑦ 5 | ⑧ 2 |
| ⑨ 9 | ⑩ 5 | ⑪ 4 | ⑫ 3 |

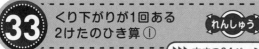

## 39 ひかれる数に0がある ひき算① りかい

▶▶▶本さつ40ページ

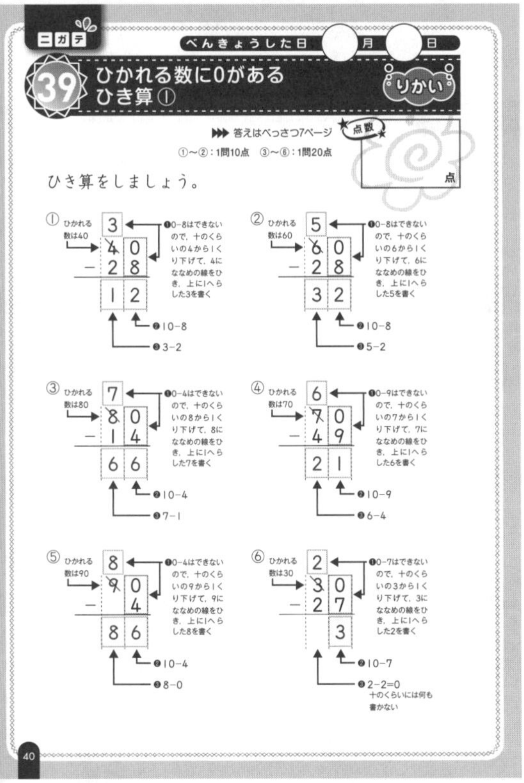
ニガテ
べんきょうした日　月　日
39 ひかれる数に0がある ひき算① りかい
▶▶▶答えはべっさつ7ページ
点数　点
①～②：1問10点　③～⑥：1問20点

ひき算をしましょう。

① ひかれる数は40　40 − 28 = 12
❶0−8はできないので，十のくらいの4から1くり下げて，4にななめの線をひき，上に1へらした3を書く
❷10−8
❸3−2

② ひかれる数は60　60 − 28 = 32
❶0−8はできないので，十のくらいの6から1くり下げて，6にななめの線をひき，上に1へらした5を書く
❷10−8
❸5−2

③ ひかれる数は80　80 − 14 = 66
❶0−4はできないので，十のくらいの8から1くり下げて，8にななめの線をひき，上に1へらした7を書く
❷10−4
❸7−1

④ ひかれる数は70　70 − 49 = 21
❶0−9はできないので，十のくらいの7から1くり下げて，7にななめの線をひき，上に1へらした6を書く
❷10−9
❸6−4

⑤ ひかれる数は90　90 − 4 = 86
❶0−4はできないので，十のくらいの9から1くり下げて，9にななめの線をひき，上に1へらした8を書く
❷10−4
❸8−0

⑥ ひかれる数は30　30 − 27 = 3
❶0−7はできないので，十のくらいの3から1くり下げて，3にななめの線をひき，上に1へらした2を書く
❷10−7
❸2−2=0 十のくらいには何も書かない

40

### ポイント

一の位だけではひけないため，十の位から１くり下げることに注意させましょう。
また，十の位が０になるときは，何も書かないことに注意させましょう。

### ここが ニガテ

一の位が０のときは，十の位から１くり下げて10になることを理解させましょう。
一の位が０のときには，くり下げた数を書きかえるのを忘れて計算間違いをすることが多いのでくり下げの手順を確認させてください。

## 40 ひかれる数に0がある ひき算① れんしゅう

▶▶▶本さつ41ページ

| | | | |
|---|---|---|---|
| ① 13 | ② 64 | ③ 26 | ④ 39 |
| ⑤ 12 | ⑥ 11 | ⑦ 27 | ⑧ 34 |
| ⑨ 65 | ⑩ 52 | ⑪ 28 | ⑫ 41 |

## 41 ひかれる数に0がある ひき算① れんしゅう

▶▶▶本さつ42ページ

| | | | |
|---|---|---|---|
| ① 25 | ② 32 | ③ 24 | ④ 36 |
| ⑤ 3 | ⑥ 12 | ⑦ 45 | ⑧ 1 |
| ⑨ 69 | ⑩ 43 | ⑪ 16 | ⑫ 55 |

## 42 ひき算のまとめ なにを買《か》いに行《い》くのかな？

▶▶▶本さつ43ページ

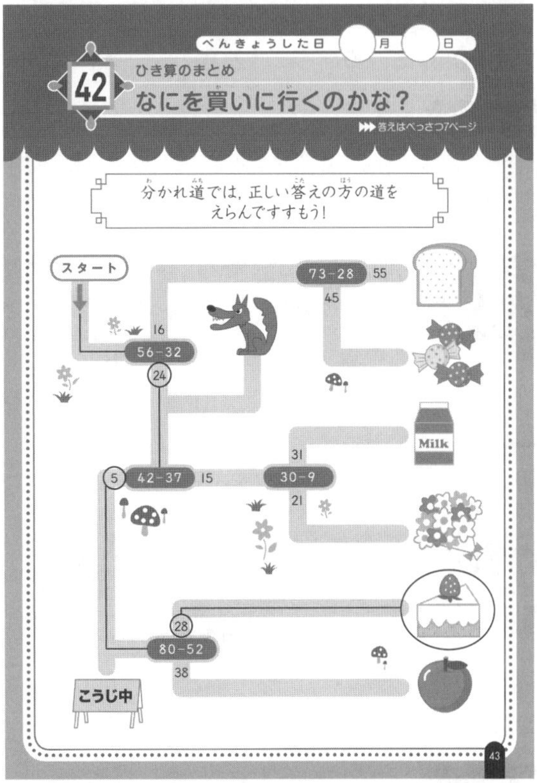
べんきょうした日　月　日
42 ひき算のまとめ
なにを買《か》いに行《い》くのかな？
▶▶▶答えはべっさつ7ページ

分《わ》かれ道《みち》では，正しい答《こた》えの方《ほう》の道をえらんですすもう！


43

## 43 何百のたし算 りかい

▶▶▶本さつ44ページ

| | | | |
|---|---|---|---|
| ① 800 | ② 500 | ③ 900 | ④ 700 |
| ⑤ 900 | ⑥ 600 | ⑦ 400 | ⑧ 1000 |

### ポイント

100が合わせて何個になるか考えることを理解させましょう。

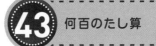

## 44 何百のたし算　れんしゅう

▶▶▶本さつ45ページ

① 900　② 400　③ 800　④ 600
⑤ 700　⑥ 800　⑦ 800　⑧ 900
⑨ 800　⑩ 600　⑪ 1000　⑫ 1000

## 45 何百のひき算①　りかい

▶▶▶本さつ46ページ

① 700　② 300　③ 600　④ 400
⑤ 300　⑥ 300　⑦ 200　⑧ 400

**ポイント**

100が残り何個になるか考えることを理解させましょう。

## 46 何百のひき算①　れんしゅう

▶▶▶本さつ47ページ

① 100　② 200　③ 300　④ 500
⑤ 300　⑥ 100　⑦ 500　⑧ 300
⑨ 100　⑩ 100　⑪ 400　⑫ 500

## 47 何百のひき算②　りかい

▶▶▶本さつ48ページ

① 800　② 700　③ 600　④ 500
⑤ 400　⑥ 300　⑦ 200　⑧ 100

**ポイント**

1000は100が10個あるものと考えることを理解させましょう。

## 48 何百のひき算②　れんしゅう

▶▶▶本さつ49ページ

① 600　② 900　③ 500　④ 800
⑤ 700　⑥ 200　⑦ 300　⑧ 400

## 49 たされる数が3けたのたし算①　りかい

▶▶▶本さつ50ページ

① 116　② 117　③ 228　④ 467
⑤ 374　⑥ 558

**ポイント**

たされる数が3けたのたし算も，位をそろえて書いて，一の位から順に位ごとにたすことを理解させましょう。

## 50 たされる数が3けたのたし算①　れんしゅう

▶▶▶本さつ51ページ

① 424　② 543　③ 976　④ 815
⑤ 729　⑥ 127　⑦ 479　⑧ 577
⑨ 646　⑩ 899　⑪ 786　⑫ 998

## 51 たされる数が3けたのたし算②　りかい

▶▶▶本さつ52ページ

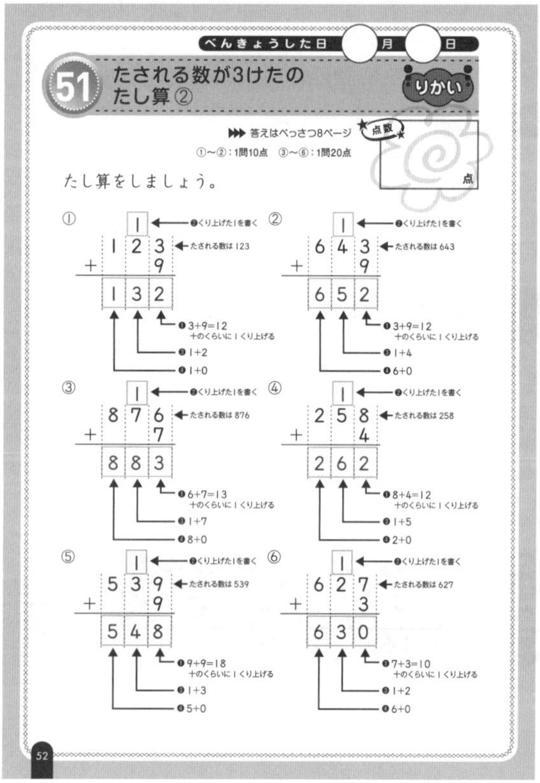

べんきょうした日　月　日

51 たされる数が3けたのたし算②　りかい

▶▶▶ 答えはべっさつ8ページ

①～②：1問10点　③～⑥：1問20点

点数　点

たし算をしましょう。

① 123 + 9 = 132
❷くり上げた1を書く
たされる数は123
❶ 3+9=12 十のくらいに1くり上げる
❸ 1+2
❹ 1+0

② 643 + 9 = 652
❷くり上げた1を書く
たされる数は643
❶ 3+9=12 十のくらいに1くり上げる
❸ 1+4
❹ 6+0

③ 876 + 7 = 883
❷くり上げた1を書く
たされる数は876
❶ 6+7=13 十のくらいに1くり上げる
❸ 1+7
❹ 8+0

④ 258 + 4 = 262
❷くり上げた1を書く
たされる数は258
❶ 8+4=12 十のくらいに1くり上げる
❸ 1+5
❹ 2+0

⑤ 539 + 9 = 548
❷くり上げた1を書く
たされる数は539
❶ 9+9=18 十のくらいに1くり上げる
❸ 1+3
❹ 5+0

⑥ 627 + 3 = 630
❷くり上げた1を書く
たされる数は627
❶ 7+3=10 十のくらいに1くり上げる
❸ 1+2
❹ 6+0

52

**ポイント**

位をそろえて書いて，一の位から順に位ごとにたすことを理解させましょう。
特に，くり上がりを忘れていないか注意させましょう。

## 52 たされる数が3けたのたし算②　れんしゅう

▶▶▶本さつ53ページ

① 244　② 521　③ 435　④ 155
⑤ 626　⑥ 132　⑦ 341　⑧ 731
⑨ 440　⑩ 540　⑪ 250　⑫ 620

## 53 たされる数が3けたのたし算③　りかい

▶▶▶本さつ54ページ

べんきょうした日　月　日

53 たされる数が3けたのたし算③　りかい

▶▶▶答えはべっさつ9ページ

①～②：1問10点　③～⑥：1問20点　点数　点

たし算をしましょう。

① 1（❷くり上げた1を書く）
238（たされる数は238）
+ 47
= 285
❶ 8+7=15　十のくらいに1くり上げる
❸ 1+3+4
❹ 2+0

② 1（❷くり上げた1を書く）
538（たされる数は538）
+ 47
= 585
❶ 8+7=15　十のくらいに1くり上げる
❸ 1+3+4
❹ 5+0

③ 1（❷くり上げた1を書く）
169（たされる数は169）
+ 24
= 193
❶ 9+4=13　十のくらいに1くり上げる
❸ 1+6+2
❹ 1+0

④ 1（❷くり上げた1を書く）
527（たされる数は527）
+ 35
= 562
❶ 7+5=12　十のくらいに1くり上げる
❸ 1+2+3
❹ 5+0

⑤ 1（❷くり上げた1を書く）
338（たされる数は338）
+ 38
= 376
❶ 8+8=16　十のくらいに1くり上げる
❸ 1+3+3
❹ 3+0

⑥ 1（❷くり上げた1を書く）
416（たされる数は416）
+ 54
= 470
❶ 6+4=10　十のくらいに1くり上げる
❸ 1+1+5
❹ 4+0

54

**ポイント**

3けたと2けたのたし算も，位をそろえて書いて，一の位から順に位ごとにたすことを理解させましょう。
特に，くり上がりを忘れていないか注意させましょう。

## 54 たされる数が3けたのたし算③　れんしゅう

▶▶▶本さつ55ページ

① 385　② 763　③ 184　④ 892
⑤ 562　⑥ 271　⑦ 371　⑧ 654
⑨ 461　⑩ 130　⑪ 270　⑫ 580

## 55 たされる数が3けたのたし算③　れんしゅう

▶▶▶本さつ56ページ

① 553　② 283　③ 481　④ 380
⑤ 891　⑥ 150　⑦ 781　⑧ 593
⑨ 350　⑩ 485　⑪ 673　⑫ 258

## 56 何百の計算と3けたのたし算のまとめ　なんてかいてあるのかな？

▶▶▶本さつ57ページ

べんきょうした日　月　日

56 何百の計算と3けたのたし算のまとめ　なんてかいてあるのかな？

▶▶▶答えはべっさつ9ページ

計算《けいさん》をして，答《こた》えのじゅんに文字をならべよう！

① 300+500=800　② 385+9=394
③ 237+8=245　④ 600+400=1000
⑤ 213+32=245　⑥ 316+78=394
⑦ 1000−200=800

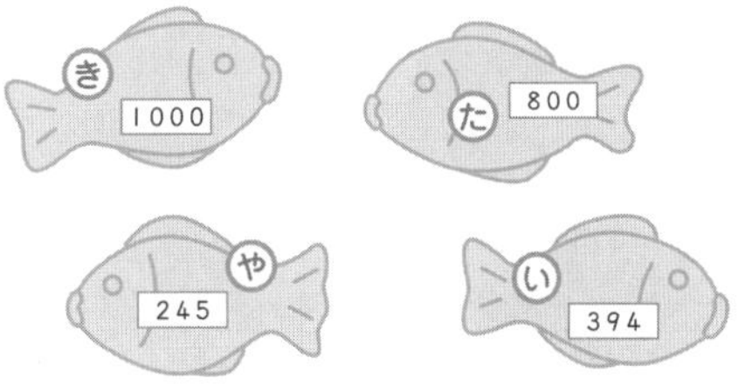


| ① | ② | ③ | ④ | ⑤ | ⑥ | ⑦ |
|---|---|---|---|---|---|---|
| た | い | や | き | や | い | た |

57

## 57 ひかれる数が3けたのひき算①　りかい

▶▶▶本さつ58ページ

① 113　② 111　③ 312　④ 435
⑤ 543　⑥ 633

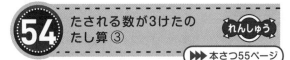

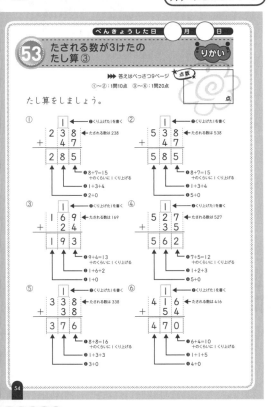

**ポイント**

ひかれる数が３けたのひき算も，位をそろえて書いて，一の位から順に位ごとにひくことを理解させましょう。

## 58 ひかれる数が3けたのひき算①

れんしゅう

▶▶▶本さつ59ページ

① 111　② 145　③ 752　④ 892
⑤ 974　⑥ 326　⑦ 126　⑧ 511
⑨ 641　⑩ 223　⑪ 511　⑫ 635

## 59 ひかれる数が3けたのひき算②

りかい

▶▶▶本さつ60ページ

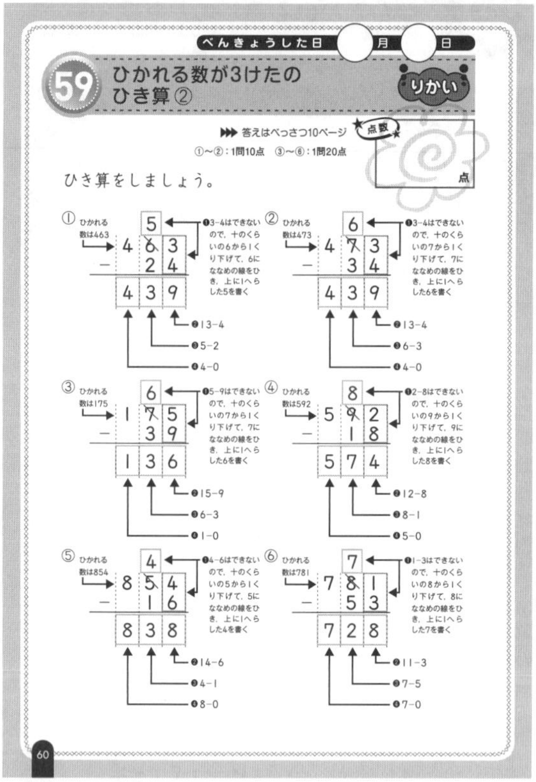
べんきょうした日　月　日
59 ひかれる数が3けたの ひき算②　りかい
▶▶▶ 答えはべっさつ10ページ　点数　点
①～②：1問10点　③～⑥：1問20点
ひき算をしましょう。
① ひかれる数は463　463 − 24 = 439　❶3−4はできないので，十のくらいの6から1くり下げて，6にななめの線をひき，上に1へらした5を書く　❷13−4　❸5−2　❹4−0
② ひかれる数は473　473 − 34 = 439　❶3−4はできないので，十のくらいの7から1くり下げて，7にななめの線をひき，上に1へらした6を書く　❷13−4　❸6−3　❹4−0
③ ひかれる数は175　175 − 39 = 136　❶5−9はできないので，十のくらいの7から1くり下げて，7にななめの線をひき，上に1へらした6を書く　❷15−9　❸6−3　❹1−0
④ ひかれる数は592　592 − 18 = 574　❶2−8はできないので，十のくらいの9から1くり下げて，9にななめの線をひき，上に1へらした8を書く　❷12−8　❸8−1　❹5−0
⑤ ひかれる数は854　854 − 16 = 838　❶4−6はできないので，十のくらいの5から1くり下げて，5にななめの線をひき，上に1へらした4を書く　❷14−6　❸4−1　❹8−0
⑥ ひかれる数は781　781 − 53 = 728　❶1−3はできないので，十のくらいの8から1くり下げて，8にななめの線をひき，上に1へらした7を書く　❷11−3　❸7−5　❹7−0
60

**ポイント**

３けたと２けたのひき算も，位をそろえて書いて，一の位から順に位ごとにひくことを理解させましょう。
特に，くり下がりを忘れていないか注意させましょう。

## 60 ひかれる数が3けたのひき算②

れんしゅう

▶▶▶本さつ61ページ

① 219　② 427　③ 138　④ 309
⑤ 635　⑥ 519　⑦ 416　⑧ 737
⑨ 217　⑩ 123　⑪ 958　⑫ 505

## 61 ひかれる数が3けたのひき算③

りかい

▶▶▶本さつ62ページ

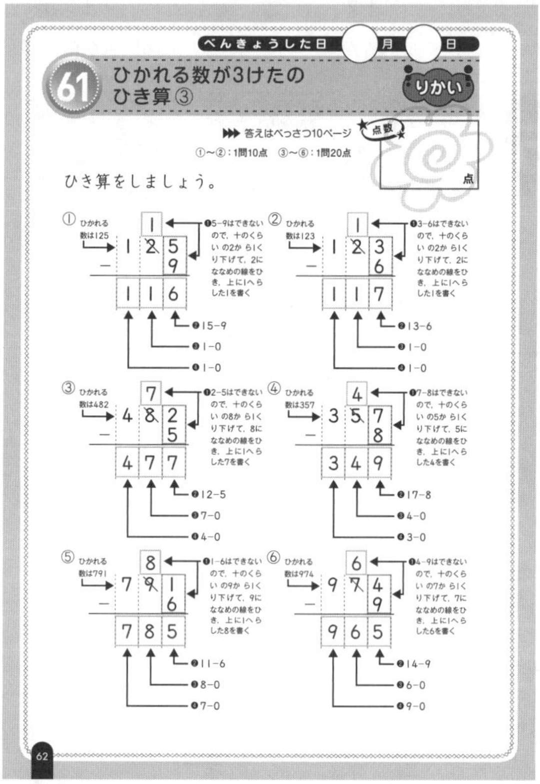
べんきょうした日　月　日
61 ひかれる数が3けたの ひき算③　りかい
▶▶▶ 答えはべっさつ10ページ　点数　点
①～②：1問10点　③～⑥：1問20点
ひき算をしましょう。
① ひかれる数は125　125 − 9 = 116　❶5−9はできないので，十のくらいの2から1くり下げて，2にななめの線をひき，上に1へらした1を書く　❷15−9　❸1−0　❹1−0
② ひかれる数は123　123 − 6 = 117　❶3−6はできないので，十のくらいの2から1くり下げて，2にななめの線をひき，上に1へらした1を書く　❷13−6　❸1−0　❹1−0
③ ひかれる数は482　482 − 5 = 477　❶2−5はできないので，十のくらいの8から1くり下げて，8にななめの線をひき，上に1へらした7を書く　❷12−5　❸7−0　❹4−0
④ ひかれる数は357　357 − 8 = 349　❶7−8はできないので，十のくらいの5から1くり下げて，5にななめの線をひき，上に1へらした4を書く　❷17−8　❸4−0　❹3−0
⑤ ひかれる数は791　791 − 6 = 785　❶1−6はできないので，十のくらいの9から1くり下げて，9にななめの線をひき，上に1へらした8を書く　❷11−6　❸8−0　❹7−0
⑥ ひかれる数は974　974 − 9 = 965　❶4−9はできないので，十のくらいの7から1くり下げて，7にななめの線をひき，上に1へらした6を書く　❷14−9　❸6−0　❹9−0
62

**ポイント**

３けたと１けたのひき算も，位をそろえて書いて，一の位から順に位ごとにひくことを理解させましょう。
特に，くり下がりを忘れていないか注意させましょう。

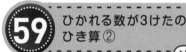

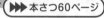

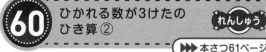

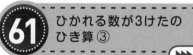

## 62 ひかれる数が3けたのひき算③ れんしゅう

▶▶▶本さつ63ページ

| | | | |
|---|---|---|---|
| ① 118 | ② 227 | ③ 346 | ④ 253 |
| ⑤ 584 | ⑥ 768 | ⑦ 207 | ⑧ 409 |
| ⑨ 805 | ⑩ 606 | ⑪ 103 | ⑫ 908 |

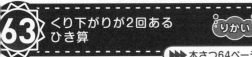

## 63 くり下がりが2回あるひき算 りかい

▶▶▶本さつ64ページ

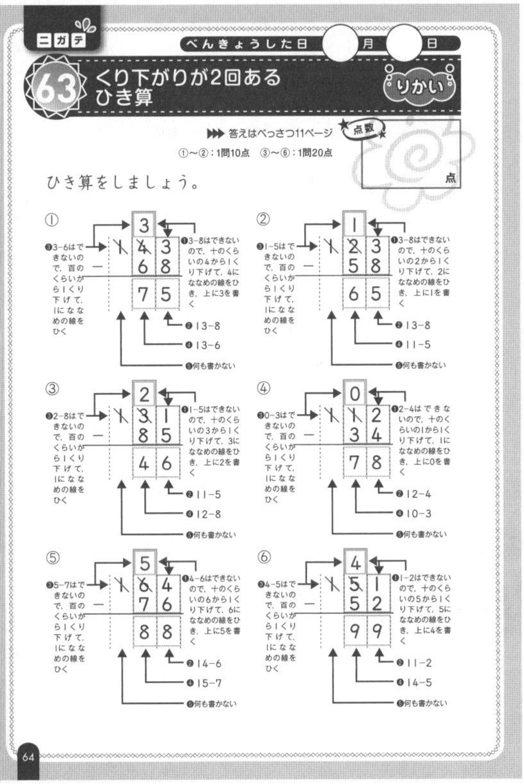
ニガテ べんきょうした日 月 日

63 くり下がりが2回あるひき算 りかい

▶▶▶答えはべっさつ11ページ

点数

①～②：1問10点　③～⑥：1問20点

点

ひき算をしましょう。

① 143−68＝75（上に3を書く）
❶3−8はできないので，十のくらいの4から1くり下げて，4にななめの線をひき，上に3を書く
❷13−8
❸3−6はできないので，百のくらいから1くり下げて，1にななめの線をひく
❹13−6
❺何も書かない

② 123−58＝65（上に1を書く）
❶3−8はできないので，十のくらいの2から1くり下げて，2にななめの線をひき，上に1を書く
❷13−8
❸1−5はできないので，百のくらいから1くり下げて，1にななめの線をひく
❹11−5
❺何も書かない

③ 131−85＝46（上に2を書く）
❶1−5はできないので，十のくらいの3から1くり下げて，3にななめの線をひき，上に2を書く
❷11−5
❸2−8はできないので，百のくらいから1くり下げて，1にななめの線をひく
❹12−8
❺何も書かない

④ 112−34＝78（上に0を書く）
❶2−4はできないので，十のくらいの1から1くり下げて，1にななめの線をひき，上に0を書く
❷12−4
❸0−3はできないので，百のくらいから1くり下げて，1にななめの線をひく
❹10−3
❺何も書かない

⑤ 164−76＝88（上に5を書く）
❶4−6はできないので，十のくらいの6から1くり下げて，6にななめの線をひき，上に5を書く
❷14−6
❸5−7はできないので，百のくらいから1くり下げて，1にななめの線をひく
❹15−7
❺何も書かない

⑥ 151−52＝99（上に4を書く）
❶1−2はできないので，十のくらいの5から1くり下げて，5にななめの線をひき，上に4を書く
❷11−2
❸4−5はできないので，百のくらいから1くり下げて，1にななめの線をひく
❹14−5
❺何も書かない

64

### ポイント

一の位から先に計算をし，1くり下げる操作がきちんとできているか注意させましょう。

### ここがニガテ

くり下がりが2回ある計算は，十の位がくり下がって1減っていることを忘れるミスをしがちです。

## 64 くり下がりが2回あるひき算 れんしゅう

▶▶▶本さつ65ページ

| | | | |
|---|---|---|---|
| ① 63 | ② 85 | ③ 89 | ④ 87 |
| ⑤ 99 | ⑥ 47 | ⑦ 68 | ⑧ 68 |
| ⑨ 79 | ⑩ 68 | ⑪ 77 | ⑫ 89 |

## 65 くり下がりが2回あるひき算 れんしゅう

▶▶▶本さつ66ページ

| | | | |
|---|---|---|---|
| ① 86 | ② 76 | ③ 74 | ④ 77 |
| ⑤ 67 | ⑥ 87 | ⑦ 38 | ⑧ 96 |
| ⑨ 76 | ⑩ 38 | ⑪ 76 | ⑫ 84 |

## 66 くり下がりが2回あるひき算 れんしゅう

▶▶▶本さつ67ページ

| | | | |
|---|---|---|---|
| ① 47 | ② 98 | ③ 54 | ④ 56 |
| ⑤ 58 | ⑥ 69 | ⑦ 79 | ⑧ 95 |
| ⑨ 86 | ⑩ 38 | ⑪ 68 | ⑫ 97 |

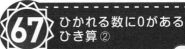

## 67 ひかれる数に0があるひき算② りかい

▶▶▶本さつ68ページ

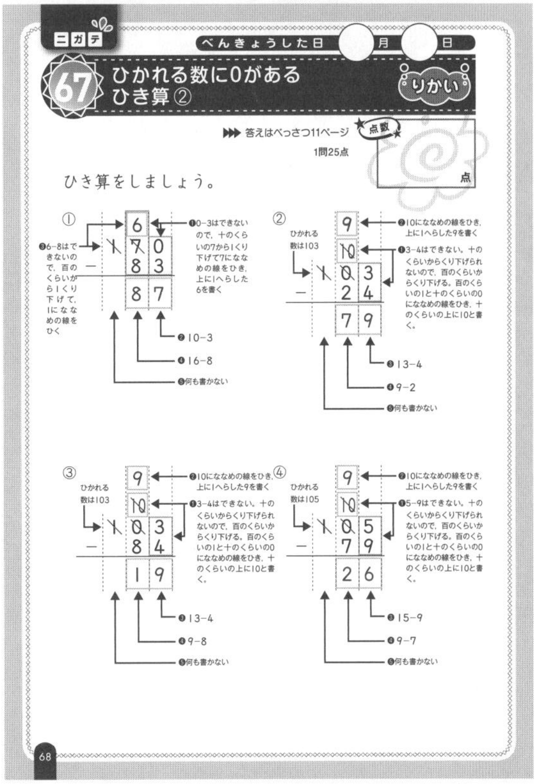
ニガテ べんきょうした日 月 日

67 ひかれる数に0があるひき算② りかい

▶▶▶答えはべっさつ11ページ

点数

1問25点

点

ひき算をしましょう。

① 170−83＝87（上に6を書く）
❶0−3はできないので，十のくらいの7から1くり下げて7にななめの線をひき，上に1へらした6を書く
❷10−3
❸6−8はできないので，百のくらいから1くり下げて，1にななめの線をひく
❹16−8
❺何も書かない

② ひかれる数は103　103−24＝79
❶3−4はできない。十のくらいからくり下げられないので，百のくらいからくり下げる。百のくらいの1と十のくらいの0にななめの線をひき，十のくらいの上に10と書く。
❷10にななめの線をひき，上に1へらした9を書く
❸13−4
❹9−2
❺何も書かない

③ ひかれる数は103　103−84＝19
❶3−4はできない。十のくらいからくり下げられないので，百のくらいからくり下げる。百のくらいの1と十のくらいの0にななめの線をひき，十のくらいの上に10と書く。
❷10にななめの線をひき，上に1へらした9を書く
❸13−4
❹9−8
❺何も書かない

④ ひかれる数は105　105−79＝26
❶5−9はできない。十のくらいからくり下げられないので，百のくらいからくり下げる。百のくらいの1と十のくらいの0にななめの線をひき，十のくらいの上に10と書く。
❷10にななめの線をひき，上に1へらした9を書く
❸15−9
❹9−7
❺何も書かない

68

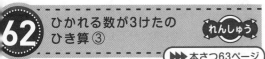

## ポイント

一の位から先に計算をし，１くり下げる操作がきちんとできているか注意させましょう。

## ここがニガテ

ひかれる数に０があるときは，１くり下げて10になることに注意させましょう。

## 68 ひかれる数に0がある ひき算② れんしゅう

▶▶▶本さつ69ページ

| | | | |
|---|---|---|---|
| ① 84 | ② 91 | ③ 66 | ④ 49 |
| ⑤ 79 | ⑥ 89 | ⑦ 28 | ⑧ 48 |
| ⑨ 39 | ⑩ 34 | ⑪ 88 | ⑫ 48 |

## 69 ひかれる数に0がある ひき算② れんしゅう

▶▶▶本さつ70ページ

| | | | |
|---|---|---|---|
| ① 91 | ② 67 | ③ 21 | ④ 48 |
| ⑤ 29 | ⑥ 48 | ⑦ 16 | ⑧ 76 |
| ⑨ 39 | ⑩ 68 | ⑪ 49 | ⑫ 83 |

## 70 3けたのひき算のまとめ なにがかくれているかな？

▶▶▶本さつ71ページ

べんきょうした日　月　日

70 3けたのひき算のまとめ
なにがかくれているかな？

▶▶▶答えはべっさつ12ページ

計算《けいさん》をして，答《こた》えの点《てん》をじゅんに線《せん》でむすぼう！

| | |
|---|---|
| ① 108−5=103 | ② 143−27=116 |
| ③ 135−36=99 | ④ 100−48=52 |
| ⑤ 171−54=117 | ⑥ 122−83=39 |
| ⑦ 108−79=29 | ⑧ 104−7=97 |
| ⑨ 150−61=89 | ⑩ 163−94=69 |

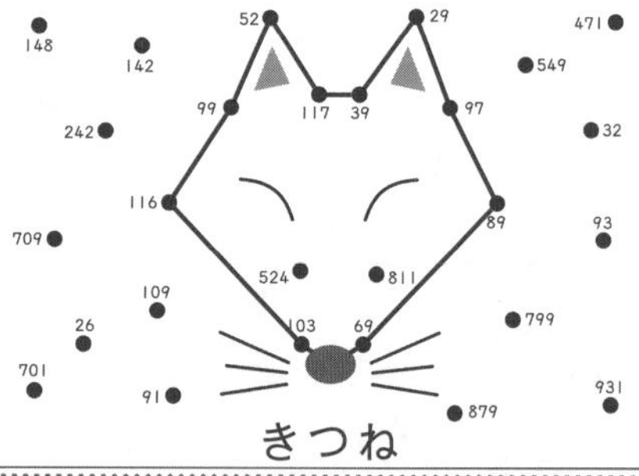


71

## 71 （　）のある計算 りかい

▶▶▶本さつ72ページ

| | |
|---|---|
| ① 48+40=88 | ② 19+70=89 |
| ③ 30+24=54 | ④ 40+33=73 |
| ⑤ 27+50=77 | ⑥ 13+40=53 |
| ⑦ 50+9=59 | ⑧ 50+23=73 |

## ポイント

たし算だけの式では，たす順番を変えても答えは変わりませんが，（　）のある式では，（　）の中の計算を先にしなければいけないことを理解させましょう。
「計算のくふう」につながる単元です。

## 72 (　)のある計算 れんしゅう

▶▶▶本さつ73ページ

① 73　② 89　③ 86　④ 75
⑤ 79　⑥ 78　⑦ 63　⑧ 76
⑨ 53　⑩ 41　⑪ 88　⑫ 69

## 73 (　)のある計算 れんしゅう

▶▶▶本さつ74ページ

① 92　② 45　③ 86　④ 83
⑤ 54　⑥ 59　⑦ 78　⑧ 87
⑨ 65　⑩ 69　⑪ 52　⑫ 91

## 74 (　)のある計算 れんしゅう

▶▶▶本さつ75ページ

① 91　② 47　③ 53　④ 58
⑤ 49　⑥ 64　⑦ 43　⑧ 95
⑨ 68　⑩ 67　⑪ 55　⑫ 69

## 75 計算のくふう りかい

▶▶▶本さつ76ページ

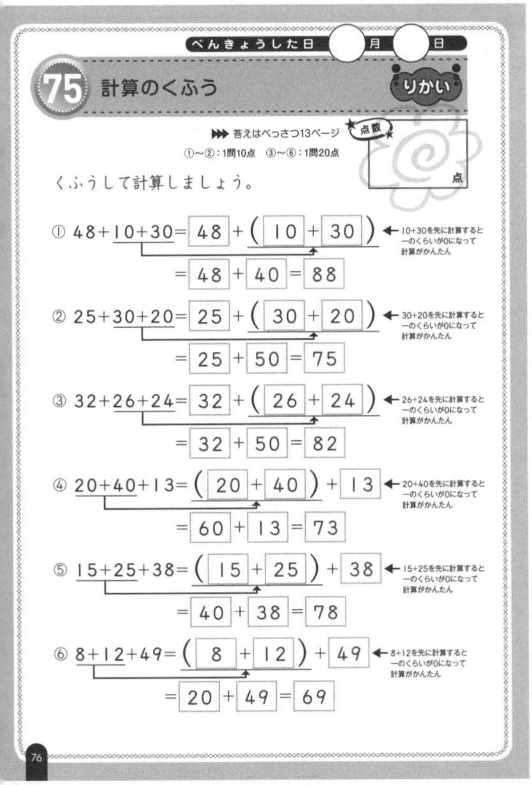
べんきょうした日　月　日

75 計算のくふう りかい

▶▶▶答えはべっさつ13ページ

①～②：1問10点　③～⑥：1問20点

点数　点

くふうして計算しましょう。

① 48+10+30= 48 +( 10 + 30 ) ←10+30を先に計算すると一のくらいが0になって計算がかんたん
= 48 + 40 = 88

② 25+30+20= 25 +( 30 + 20 ) ←30+20を先に計算すると一のくらいが0になって計算がかんたん
= 25 + 50 = 75

③ 32+26+24= 32 +( 26 + 24 ) ←26+24を先に計算すると一のくらいが0になって計算がかんたん
= 32 + 50 = 82

④ 20+40+13=( 20 + 40 )+ 13 ←20+40を先に計算すると一のくらいが0になって計算がかんたん
= 60 + 13 = 73

⑤ 15+25+38=( 15 + 25 )+ 38 ←15+25を先に計算すると一のくらいが0になって計算がかんたん
= 40 + 38 = 78

⑥ 8+12+49=( 8 + 12 )+ 49 ←8+12を先に計算すると一のくらいが0になって計算がかんたん
= 20 + 49 = 69

76

**ポイント**

左から順番に計算をするのではなく，計算の順序を工夫することで計算が簡単になることを理解させましょう。
たして何十になる計算を先に行うことがポイントです。

## 76 計算のくふう れんしゅう

▶▶▶本さつ77ページ

① 83　② 78　③ 67　④ 95
⑤ 58　⑥ 61　⑦ 88　⑧ 99
⑨ 74　⑩ 66　⑪ 38　⑫ 52

## 77 計算のくふう れんしゅう

▶▶▶本さつ78ページ

① 87　② 58　③ 86　④ 62
⑤ 95　⑥ 73　⑦ 66　⑧ 64
⑨ 56　⑩ 77　⑪ 36　⑫ 89

## 78 計算のくふうのまとめ なにがのこるかな？

▶▶▶本さつ79ページ

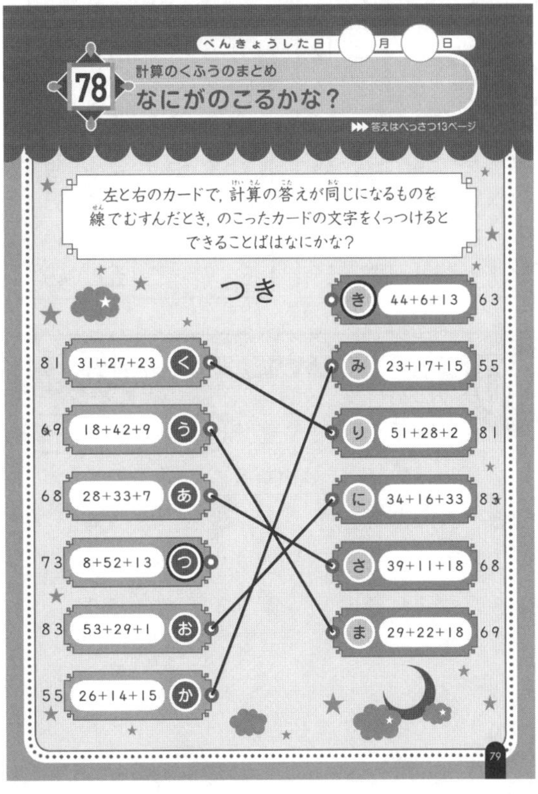
べんきょうした日　月　日

78 計算のくふうのまとめ なにがのこるかな？

▶▶▶答えはべっさつ13ページ

左と右のカードで，計算《けいさん》の答《こた》えが同《おな》じになるものを線《せん》でむすんだとき，のこったカードの文字をくっつけるとできることばはなにかな？

つき



79

## 79 2，3，4，5のだんの九九 りかい

▶▶▶本さつ80ページ

| | | | |
|---|---|---|---|
| ① 4 | ② 6 | ③ 8 | ④ 10 |
| ⑤ 16 | ⑥ 14 | ⑦ 18 | ⑧ 9 |
| ⑨ 18 | ⑩ 21 | ⑪ 4 | ⑫ 20 |
| ⑬ 28 | ⑭ 25 | ⑮ 40 | ⑯ 45 |

**ポイント**

九九をきちんと覚えられているか確認しましょう。何度も声に出して覚えさせてください。

**2のだんの九九**

| | | |
|---|---|---|
| 2×1＝ 2 | 二一《にいち》が | 2 |
| 2×2＝ 4 | 二二《ににん》が | 4 |
| 2×3＝ 6 | 二三《にさん》が | 6 |
| 2×4＝ 8 | 二四《にし》が | 8 |
| 2×5＝10 | 二五《にご》 | 10 |
| 2×6＝12 | 二六《にろく》 | 12 |
| 2×7＝14 | 二七《にしち》 | 14 |
| 2×8＝16 | 二八《にはち》 | 16 |
| 2×9＝18 | 二九《にく》 | 18 |

**3のだんの九九**

| | | |
|---|---|---|
| 3×1＝ 3 | 三一《さんいち》が | 3 |
| 3×2＝ 6 | 三二《さんに》が | 6 |
| 3×3＝ 9 | 三三《さざん》が | 9 |
| 3×4＝12 | 三四《さんし》 | 12 |
| 3×5＝15 | 三五《さんご》 | 15 |
| 3×6＝18 | 三六《さぶろく》 | 18 |
| 3×7＝21 | 三七《さんしち》 | 21 |
| 3×8＝24 | 三八《さんぱ》 | 24 |
| 3×9＝27 | 三九《さんく》 | 27 |

**4のだんの九九**

| | | |
|---|---|---|
| 4×1＝ 4 | 四一《しいち》が | 4 |
| 4×2＝ 8 | 四二《しに》が | 8 |
| 4×3＝12 | 四三《しさん》 | 12 |
| 4×4＝16 | 四四《しし》 | 16 |
| 4×5＝20 | 四五《しご》 | 20 |
| 4×6＝24 | 四六《しろく》 | 24 |
| 4×7＝28 | 四七《ししち》 | 28 |
| 4×8＝32 | 四八《しは》 | 32 |
| 4×9＝36 | 四九《しく》 | 36 |

**5のだんの九九**

| | | |
|---|---|---|
| 5×1＝ 5 | 五一《ごいち》が | 5 |
| 5×2＝10 | 五二《ごに》 | 10 |
| 5×3＝15 | 五三《ごさん》 | 15 |
| 5×4＝20 | 五四《ごし》 | 20 |
| 5×5＝25 | 五五《ごご》 | 25 |
| 5×6＝30 | 五六《ごろく》 | 30 |
| 5×7＝35 | 五七《ごしち》 | 35 |
| 5×8＝40 | 五八《ごは》 | 40 |
| 5×9＝45 | 五九《ごっく》 | 45 |

## 80 2，3，4，5のだんの九九 れんしゅう

▶▶▶本さつ81ページ

| | | | |
|---|---|---|---|
| ① 2 | ② 6 | ③ 8 | ④ 10 |
| ⑤ 3 | ⑥ 12 | ⑦ 15 | ⑧ 24 |
| ⑨ 12 | ⑩ 16 | ⑪ 24 | ⑫ 32 |
| ⑬ 5 | ⑭ 15 | ⑮ 20 | ⑯ 30 |

## 81 2，3，4，5のだんの九九 れんしゅう

▶▶▶本さつ82ページ

| | | | |
|---|---|---|---|
| ① 12 | ② 18 | ③ 4 | ④ 16 |
| ⑤ 21 | ⑥ 6 | ⑦ 27 | ⑧ 9 |
| ⑨ 20 | ⑩ 36 | ⑪ 28 | ⑫ 8 |
| ⑬ 35 | ⑭ 45 | ⑮ 10 | ⑯ 25 |

## 82 2，3，4，5のだんの九九 れんしゅう

▶▶▶本さつ83ページ

| | | | |
|---|---|---|---|
| ① 10 | ② 6 | ③ 8 | ④ 14 |
| ⑤ 12 | ⑥ 24 | ⑦ 18 | ⑧ 3 |
| ⑨ 24 | ⑩ 16 | ⑪ 32 | ⑫ 4 |
| ⑬ 40 | ⑭ 15 | ⑮ 30 | ⑯ 20 |

## 83 6，7，8，9，1のだんの九九 りかい

▶▶▶本さつ84ページ

| | | | |
|---|---|---|---|
| ① 12 | ② 14 | ③ 16 | ④ 18 |
| ⑤ 36 | ⑥ 54 | ⑦ 28 | ⑧ 56 |
| ⑨ 24 | ⑩ 48 | ⑪ 72 | ⑫ 9 |
| ⑬ 36 | ⑭ 81 | ⑮ 1 | ⑯ 5 |

**ポイント**

九九をきちんと覚えられているか確認しましょう。何度も声に出して覚えさせてください。
7のだんの九九は覚えづらいので，リズムに乗って覚えられるまで，くり返し計算させてください。

**6のだんの九九**

| | | |
|---|---|---|
| 6×1＝ 6 | 六一《ろくいち》が | 6 |
| 6×2＝12 | 六二《ろくに》 | 12 |
| 6×3＝18 | 六三《ろくさん》 | 18 |
| 6×4＝24 | 六四《ろくし》 | 24 |
| 6×5＝30 | 六五《ろくご》 | 30 |
| 6×6＝36 | 六六《ろくろく》 | 36 |
| 6×7＝42 | 六七《ろくしち》 | 42 |
| 6×8＝48 | 六八《ろくは》 | 48 |
| 6×9＝54 | 六九《ろっく》 | 54 |

**7のだんの九九**

| | | |
|---|---|---|
| 7×1＝ 7 | 七一《しちいち》が | 7 |
| 7×2＝14 | 七二《しちに》 | 14 |
| 7×3＝21 | 七三《しちさん》 | 21 |
| 7×4＝28 | 七四《しちし》 | 28 |
| 7×5＝35 | 七五《しちご》 | 35 |
| 7×6＝42 | 七六《しちろく》 | 42 |
| 7×7＝49 | 七七《しちしち》 | 49 |
| 7×8＝56 | 七八《しちは》 | 56 |
| 7×9＝63 | 七九《しちく》 | 63 |

## 8のだんの九九

| | | |
|---|---|---|
| 8×1＝8 | 八一《はちいち》が | 8 |
| 8×2＝16 | 八二《はちに》 | 16 |
| 8×3＝24 | 八三《はちさん》 | 24 |
| 8×4＝32 | 八四《はちし》 | 32 |
| 8×5＝40 | 八五《はちご》 | 40 |
| 8×6＝48 | 八六《はちろく》 | 48 |
| 8×7＝56 | 八七《はちしち》 | 56 |
| 8×8＝64 | 八八《はっぱ》 | 64 |
| 8×9＝72 | 八九《はっく》 | 72 |

## 9のだんの九九

| | | |
|---|---|---|
| 9×1＝9 | 九一《くいち》が | 9 |
| 9×2＝18 | 九二《くに》 | 18 |
| 9×3＝27 | 九三《くさん》 | 27 |
| 9×4＝36 | 九四《くし》 | 36 |
| 9×5＝45 | 九五《くご》 | 45 |
| 9×6＝54 | 九六《くろく》 | 54 |
| 9×7＝63 | 九七《くしち》 | 63 |
| 9×8＝72 | 九八《くは》 | 72 |
| 9×9＝81 | 九九《くく》 | 81 |

## 84 6，7，8，9，1のだんの九九 れんしゅう

▶▶▶本さつ85ページ

| | | | |
|---|---|---|---|
| ① 6 | ② 24 | ③ 30 | ④ 48 |
| ⑤ 7 | ⑥ 21 | ⑦ 42 | ⑧ 63 |
| ⑨ 32 | ⑩ 56 | ⑪ 64 | ⑫ 45 |
| ⑬ 72 | ⑭ 63 | ⑮ 3 | ⑯ 7 |

## 85 6，7，8，9，1のだんの九九 れんしゅう

▶▶▶本さつ86ページ

| | | | |
|---|---|---|---|
| ① 42 | ② 54 | ③ 18 | ④ 35 |
| ⑤ 49 | ⑥ 28 | ⑦ 8 | ⑧ 40 |
| ⑨ 54 | ⑩ 81 | ⑪ 27 | ⑫ 4 |
| ⑬ 2 | ⑭ 8 | ⑮ 9 | ⑯ 6 |

## 86 6，7，8，9，1のだんの九九 れんしゅう

▶▶▶本さつ87ページ

| | | | |
|---|---|---|---|
| ① 36 | ② 12 | ③ 48 | ④ 21 |
| ⑤ 56 | ⑥ 14 | ⑦ 24 | ⑧ 72 |
| ⑨ 48 | ⑩ 56 | ⑪ 45 | ⑫ 9 |
| ⑬ 36 | ⑭ 18 | ⑮ 5 | ⑯ 7 |

## 87 1～9のだんの九九 れんしゅう

▶▶▶本さつ88ページ

| | | | |
|---|---|---|---|
| ① 18 | ② 4 | ③ 40 | ④ 72 |
| ⑤ 3 | ⑥ 35 | ⑦ 56 | ⑧ 1 |
| ⑨ 24 | ⑩ 18 | ⑪ 32 | ⑫ 14 |
| ⑬ 27 | ⑭ 25 | ⑮ 4 | ⑯ 18 |

**ポイント**

九九は今後の計算問題の基礎となります。お子さまと一緒に九九の表を作るのもいいでしょう。

## 88 1～9のだんの九九 れんしゅう

▶▶▶本さつ89ページ

| | | | |
|---|---|---|---|
| ① 16 | ② 12 | ③ 30 | ④ 21 |
| ⑤ 35 | ⑥ 20 | ⑦ 72 | ⑧ 14 |
| ⑨ 15 | ⑩ 3 | ⑪ 8 | ⑫ 36 |
| ⑬ 7 | ⑭ 16 | ⑮ 42 | ⑯ 12 |

## 89 1～9のだんの九九 れんしゅう

▶▶▶本さつ90ページ

| | | | |
|---|---|---|---|
| ① 6 | ② 2 | ③ 7 | ④ 54 |
| ⑤ 9 | ⑥ 24 | ⑦ 9 | ⑧ 28 |
| ⑨ 10 | ⑩ 81 | ⑪ 27 | ⑫ 20 |
| ⑬ 28 | ⑭ 48 | ⑮ 5 | ⑯ 24 |

## 90 九九のまとめ いくつかな？

▶▶▶本さつ91ページ

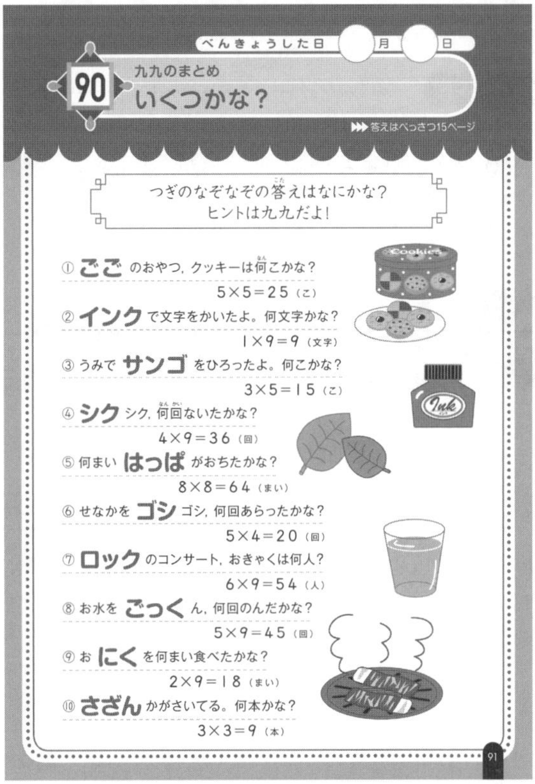
べんきょうした日　月　日

90 九九のまとめ

いくつかな？

▶▶▶答えはべっさつ15ページ

つぎのなぞなぞの答《こた》えはなにかな？
ヒントは九九だよ！

① **ごご** のおやつ，クッキーは何《なん》こかな？
5×5＝25（こ）

② **インク** で文字をかいたよ。何文字かな？
1×9＝9（文字）

③ うみで **サンゴ** をひろったよ。何こかな？
3×5＝15（こ）

④ **シク** シク，何回《なんかい》ないたかな？
4×9＝36（回）

⑤ 何まい **はっぱ** がおちたかな？
8×8＝64（まい）

⑥ せなかを **ゴシ** ゴシ，何回あらったかな？
5×4＝20（回）

⑦ **ロック** のコンサート，おきゃくは何人？
6×9＝54（人）

⑧ お水を **ごっく** ん，何回のんだかな？
5×9＝45（回）

⑨ お **にく** を何まい食べたかな？
2×9＝18（まい）

⑩ **さざん** かがさいてる。何本かな？
3×3＝9（本）

91

## 91 2けたと1けたのかけ算 ① りかい

▶▶▶ 本さつ92ページ

① 36+4=40　② 54+6=60
③ 45+10=55　④ 63+14=77
⑤ 27+9=36

**ポイント**

4×9=36，4×10=4×9+4 のように，「かける数が 1 ふえると，答えはかけられる数だけふえる」というかけ算のきまりを使って考えさせます。

## 92 2けたと1けたのかけ算 ① れんしゅう

▶▶▶ 本さつ93ページ

| | | | |
|---|---|---|---|
| ① 22 | ② 80 | ③ 12 | ④ 50 |
| ⑤ 84 | ⑥ 20 | ⑦ 44 | ⑧ 90 |
| ⑨ 72 | ⑩ 33 | ⑪ 10 | ⑫ 88 |
| ⑬ 70 | ⑭ 24 | ⑮ 99 | ⑯ 48 |

## 93 2けたと1けたのかけ算 ② りかい

▶▶▶ 本さつ94ページ

① 18+2=20　② 45+5=50
③ 27+6=33　④ 63+21=84

**ポイント**

「かけられる数とかける数を入れかえて計算しても，答えは同じになる」，「かける数が 1 ふえると，答えはかけられる数だけふえる」という 2 つのかけ算のきまりを使って考えさせます。

## 94 2けたと1けたのかけ算 ② れんしゅう

▶▶▶ 本さつ95ページ

| | | | |
|---|---|---|---|
| ① 11 | ② 60 | ③ 30 | ④ 55 |
| ⑤ 90 | ⑥ 66 | ⑦ 108 | ⑧ 70 |
| ⑨ 36 | ⑩ 77 | ⑪ 40 | ⑫ 12 |
| ⑬ 88 | ⑭ 48 | ⑮ 99 | ⑯ 24 |

## 95 2けたと1けたのかけ算のまとめ なんの絵《え》がかいてあるかな？

▶▶▶ 本さつ96ページ

べんきょうした日　月　日

95 2けたと1けたのかけ算のまとめ
なんの絵《え》がかいてあるかな？

▶▶▶ 答えはべっさつ16ページ

計算《けいさん》をして，答《こた》えが60よりも
大きい問題《もんだい》の番号《ばんごう》に，色をぬろう！

①7×10=70　② 5×11=55
③ 12×4=48　④ 10×2=20
⑤9×12=108　⑥ 11×3=33
⑦ 4×10=40　⑧12×8=96

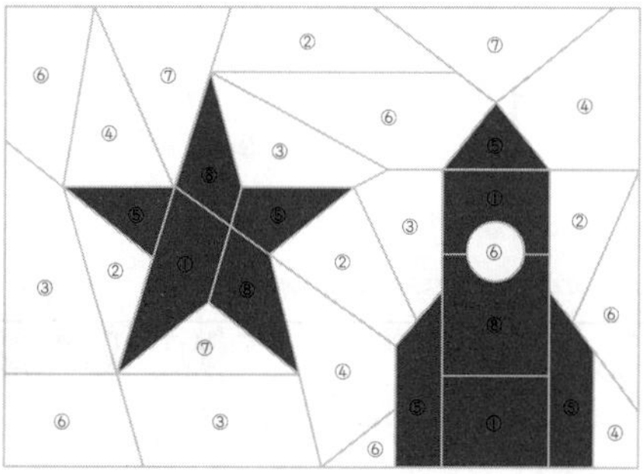

べんきょうした日　　月　　日

# 14 くり上がりが1回ある 2けたのたし算③

れんしゅう

▶▶▶ 答えはべっさつ3ページ

①～⑧：1問8点　⑨～⑫：1問9点

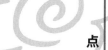

点数　　点

たし算をしましょう。

① $\begin{array}{r} 8 \\ +\ 29 \\ \hline \end{array}$

② $\begin{array}{r} 5 \\ +\ 17 \\ \hline \end{array}$

③ $\begin{array}{r} 4 \\ +\ 68 \\ \hline \end{array}$

④ $\begin{array}{r} 7 \\ +\ 56 \\ \hline \end{array}$

⑤ $\begin{array}{r} 5 \\ +\ 28 \\ \hline \end{array}$

⑥ $\begin{array}{r} 9 \\ +\ 19 \\ \hline \end{array}$

⑦ $\begin{array}{r} 4 \\ +\ 47 \\ \hline \end{array}$

⑧ $\begin{array}{r} 6 \\ +\ 85 \\ \hline \end{array}$

⑨ $\begin{array}{r} 7 \\ +\ 33 \\ \hline \end{array}$

⑩ $\begin{array}{r} 9 \\ +\ 11 \\ \hline \end{array}$

⑪ $\begin{array}{r} 2 \\ +\ 78 \\ \hline \end{array}$

⑫ $\begin{array}{r} 5 \\ +\ 45 \\ \hline \end{array}$

べんきょうした日　　月　　日

# 15 くり上がりが1回ある 2けたのたし算③

れんしゅう

▶▶▶ 答えはべっさつ3ページ

点数　　点

①～⑧：1問8点　⑨～⑫：1問9点

たし算をしましょう。

① 8 ＋ 58

② 7 ＋ 36

③ 9 ＋ 15

④ 3 ＋ 68

⑤ 2 ＋ 49

⑥ 5 ＋ 38

⑦ 6 ＋ 77

⑧ 8 ＋ 34

⑨ 1 ＋ 59

⑩ 8 ＋ 72

⑪ 7 ＋ 43

⑫ 5 ＋ 25

べんきょうした日　　月　　日

# 16 くり上がりが1回ある 2けたのたし算③

れんしゅう

▶▶▶答えはべっさつ3ページ

①～⑧：1問8点　⑨～⑫：1問9点

点数
　　　点

たし算をしましょう。

① $\begin{array}{r} 9 \\ +\ 15 \\ \hline \end{array}$

② $\begin{array}{r} 6 \\ +\ 26 \\ \hline \end{array}$

③ $\begin{array}{r} 8 \\ +\ 53 \\ \hline \end{array}$

④ $\begin{array}{r} 9 \\ +\ 47 \\ \hline \end{array}$

⑤ $\begin{array}{r} 5 \\ +\ 36 \\ \hline \end{array}$

⑥ $\begin{array}{r} 7 \\ +\ 84 \\ \hline \end{array}$

⑦ $\begin{array}{r} 3 \\ +\ 69 \\ \hline \end{array}$

⑧ $\begin{array}{r} 8 \\ +\ 16 \\ \hline \end{array}$

⑨ $\begin{array}{r} 9 \\ +\ 41 \\ \hline \end{array}$

⑩ $\begin{array}{r} 2 \\ +\ 58 \\ \hline \end{array}$

⑪ $\begin{array}{r} 3 \\ +\ 27 \\ \hline \end{array}$

⑫ $\begin{array}{r} 4 \\ +\ 86 \\ \hline \end{array}$

べんきょうした日　月　日

# 17 くり上がりが2回ある 2けたのたし算

りかい

答えはべっさつ3ページ

①〜②：1問10点　③〜⑥：1問20点

点数　点

たし算をしましょう。

①

| | | |
|---|---|---|
| | 1 | |
| | 5 | 8 |
| + | 6 | 7 |
| | | |

❷くり上げた1を書く
❶8+7=15 十のくらいに1くり上げる
❸1+5+6=12 百のくらいに1くり上げる
❹1を書く

②

| | | |
|---|---|---|
| | | |
| | 7 | 8 |
| + | 4 | 7 |
| | | |

❷くり上げた1を書く
❶8+7=15 十のくらいに1くり上げる
❸1+7+4=12 百のくらいに1くり上げる
❹1を書く

③

| | | |
|---|---|---|
| | | |
| | 7 | 9 |
| + | 5 | 4 |
| | | |

❷くり上げた1を書く
❶9+4=13 十のくらいに1くり上げる
❸1+7+5=13 百のくらいに1くり上げる
❹1を書く

④

| | | |
|---|---|---|
| | | |
| | 8 | 9 |
| + | 2 | 7 |
| | | |

❷くり上げた1を書く
❶9+7=16 十のくらいに1くり上げる
❸1+8+2=11 百のくらいに1くり上げる
❹1を書く

⑤

| | | |
|---|---|---|
| | | |
| | 4 | 8 |
| + | 9 | 2 |
| | | |

❷くり上げた1を書く
❶8+2=10 十のくらいに1くり上げる
❸1+4+9=14 百のくらいに1くり上げる
❹1を書く

⑥

| | | |
|---|---|---|
| | | |
| | 3 | 9 |
| + | 6 | 5 |
| | | |

❷くり上げた1を書く
❶9+5=14 十のくらいに1くり上げる
❸1+3+6=10 百のくらいに1くり上げる
❹1を書く

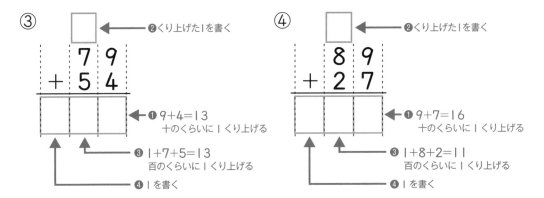

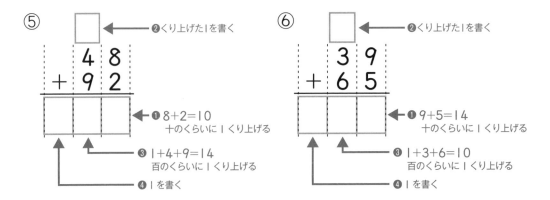

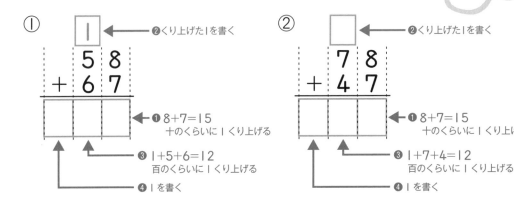

ニガテ

べんきょうした日　　月　　日

# 18 くり上がりが2回ある2けたのたし算

れんしゅう

答えはべっさつ4ページ

①〜⑧：1問8点　⑨〜⑫：1問9点

点数　　点

たし算をしましょう。

① $\begin{array}{r} 85 \\ +\ 66 \\ \hline \end{array}$

② $\begin{array}{r} 79 \\ +\ 53 \\ \hline \end{array}$

③ $\begin{array}{r} 46 \\ +\ 87 \\ \hline \end{array}$

④ $\begin{array}{r} 97 \\ +\ 54 \\ \hline \end{array}$

⑤ $\begin{array}{r} 56 \\ +\ 65 \\ \hline \end{array}$

⑥ $\begin{array}{r} 87 \\ +\ 23 \\ \hline \end{array}$

⑦ $\begin{array}{r} 47 \\ +\ 76 \\ \hline \end{array}$

⑧ $\begin{array}{r} 53 \\ +\ 89 \\ \hline \end{array}$

⑨ $\begin{array}{r} 62 \\ +\ 68 \\ \hline \end{array}$

⑩ $\begin{array}{r} 94 \\ +\ 56 \\ \hline \end{array}$

⑪ $\begin{array}{r} 18 \\ +\ 85 \\ \hline \end{array}$

⑫ $\begin{array}{r} 79 \\ +\ 26 \\ \hline \end{array}$

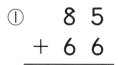

ニガテ

べんきょうした日　　月　　日

# 19 くり上がりが2回ある 2けたのたし算

れんしゅう

答えはべっさつ4ページ

①～⑧：1問8点　⑨～⑫：1問9点

点数　　点

たし算をしましょう。

① 59 + 76

② 84 + 37

③ 28 + 98

④ 87 + 66

⑤ 29 + 95

⑥ 96 + 68

⑦ 68 + 47

⑧ 53 + 69

⑨ 95 + 75

⑩ 87 + 73

⑪ 38 + 64

⑫ 45 + 59

ニガテ

べんきょうした日　　月　　日

# 20 くり上がりが2回ある 2けたのたし算

れんしゅう

▶▶▶ 答えはべっさつ4ページ

①～⑧：1問8点　⑨～⑫：1問9点

点数　　点

たし算をしましょう。

① 48 + 98

② 77 + 46

③ 39 + 95

④ 65 + 57

⑤ 73 + 39

⑥ 48 + 66

⑦ 89 + 35

⑧ 54 + 67

⑨ 81 + 49

⑩ 75 + 75

⑪ 49 + 52

⑫ 63 + 37

べんきょうした日　　月　　日

# 21 くり上がりが2回ある 2けたのたし算

れんしゅう

答えはべっさつ4ページ

点数　　点

①〜⑧：1問8点　⑨〜⑫：1問9点

たし算をしましょう。

① 5 6<br>+ 7 8

② 7 3<br>+ 6 9

③ 3 6<br>+ 8 5

④ 4 9<br>+ 9 7

⑤ 7 6<br>+ 7 6

⑥ 8 8<br>+ 3 5

⑦ 6 6<br>+ 4 7

⑧ 8 9<br>+ 5 2

⑨ 7 7<br>+ 4 3

⑩ 9 2<br>+ 8 8

⑪ 6 5<br>+ 3 5

⑫ 7 4<br>+ 2 9

べんきょうした日　　月　　日

# 22 たし算のまとめ

## なんの数《すう》字《じ》がかくれているかな？

▶▶▶答えはべっさつ4ページ

計《けい》算《さん》をして，答《こた》えのところに色《いろ》をぬろう！

① 50＋30

② 5＋15

③ 44＋4

④ 27＋67

⑤ 18＋13

⑥ 16＋36

⑦ 42＋16

⑧ 46＋29

⑨ 87＋35

⑩ 23＋77

⑪ 46＋69

| | | | | |
|---|---|---|---|---|
| 99 | 80 | 58 | 48 | 57 |
| 112 | 105 | 65 | 115 | 35 |
| 84 | 75 | 100 | 31 | 21 |
| 10 | 122 | 8 | 90 | 83 |
| 5 | 52 | 94 | 20 | 42 |

# 23 くり下がりがない2けたのひき算①

りかい

▶▶▶ 答えはべっさつ4ページ

①～②：1問5点　③～⑧：1問15点

点数　点

ひき算をしましょう。

① 
$$\begin{array}{r} 20 \\ -\ 10 \\ \hline \square\square \end{array}$$
❶ 0−0
❷ 2−1

② 
$$\begin{array}{r} 50 \\ -\ 10 \\ \hline \square\square \end{array}$$
❶ 0−0
❷ 5−1

③ 
$$\begin{array}{r} 46 \\ -\ 23 \\ \hline \square\square \end{array}$$
❶ 6−3
❷ 4−2

④ 
$$\begin{array}{r} 78 \\ -\ 61 \\ \hline \square\square \end{array}$$
❶ 8−1
❷ 7−6

⑤ 
$$\begin{array}{r} 57 \\ -\ 32 \\ \hline \square\square \end{array}$$
❶ 7−2
❷ 5−3

⑥ 
$$\begin{array}{r} 86 \\ -\ 54 \\ \hline \square\square \end{array}$$
❶ 6−4
❷ 8−5

⑦ 
$$\begin{array}{r} 92 \\ -\ \ 1 \\ \hline \square\square \end{array}$$
←一のくらいをそろえて書く
❶ 2−1
❷ 9−0

⑧ 
$$\begin{array}{r} 83 \\ -\ \ 2 \\ \hline \square\square \end{array}$$
←一のくらいをそろえて書く
❶ 3−2
❷ 8−0

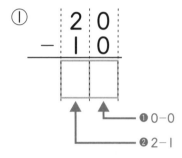

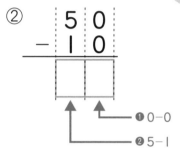

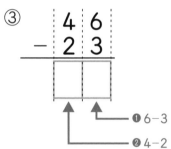

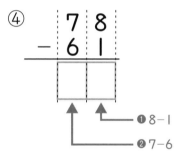

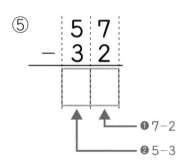

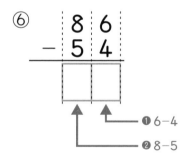

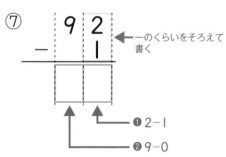

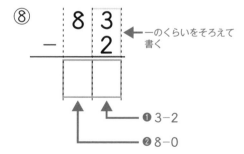

べんきょうした日　　月　　日

# 24 くり下がりがない2けたのひき算①

れんしゅう

▶▶▶ 答えはべっさつ4ページ

①〜⑧：1問8点　⑨〜⑫：1問9点

点数　　点

ひき算をしましょう。

① $36 - 12$

② $57 - 43$

③ $86 - 34$

④ $49 - 21$

⑤ $73 - 32$

⑥ $58 - 24$

⑦ $89 - 47$

⑧ $68 - 35$

⑨ $71 - 60$

⑩ $89 - 40$

⑪ $53 - 2$

⑫ $67 - 5$

べんきょうした日　　月　　日

# 25 くり下がりがない2けたのひき算①

れんしゅう

答えはべっさつ5ページ

点数　　点

①〜⑧：1問8点　⑨〜⑫：1問9点

ひき算をしましょう。

① 67 − 25

② 53 − 41

③ 89 − 54

④ 49 − 32

⑤ 78 − 53

⑥ 46 − 25

⑦ 87 − 31

⑧ 75 − 42

⑨ 37 − 10

⑩ 65 − 40

⑪ 58 − 6

⑫ 69 − 4

べんきょうした日　　月　　日

# 26 くり下がりがない2けたのひき算①

れんしゅう

▶▶▶ 答えはべっさつ5ページ

①～⑧：1問8点　⑨～⑫：1問9点

点数　　点

ひき算をしましょう。

① 67 − 32

② 78 − 43

③ 97 − 14

④ 55 − 21

⑤ 83 − 42

⑥ 98 − 34

⑦ 72 − 51

⑧ 98 − 45

⑨ 78 − 30

⑩ 41 − 30

⑪ 69 − 8

⑫ 75 − 3

べんきょうした日　　月　　日

# 27 くり下がりがない2けたのひき算②

りかい

▶▶▶ 答えはべっさつ5ページ

①～②：1問5点　③～⑧：1問15点

点数　　点

ひき算をしましょう。

①
$$\begin{array}{rcc} & 4 & 6 \\ - & 2 & 6 \\ \hline & \square & \square \end{array}$$

❶ 6−6=0
一のくらいに 0 を書く
❷ 4−2

②
$$\begin{array}{rcc} & 3 & 6 \\ - & 2 & 6 \\ \hline & \square & \square \end{array}$$

❶ 6−6=0
一のくらいに 0 を書く
❷ 3−2

③
$$\begin{array}{rcc} & 9 & 7 \\ - & 4 & 7 \\ \hline & \square & \square \end{array}$$

❶ 7−7=0
一のくらいに 0 を書く
❷ 9−4

④
$$\begin{array}{rcc} & 6 & 9 \\ - & 6 & 3 \\ \hline & & \square \end{array}$$

❶ 9−3
❷ 6−6=0
十のくらいには何も書かない

⑤
$$\begin{array}{rcc} & 2 & 8 \\ - & 2 & 1 \\ \hline & & \square \end{array}$$

❶ 8−1
❷ 2−2=0
十のくらいには何も書かない

⑥
$$\begin{array}{rcc} & 3 & 5 \\ - & 3 & 4 \\ \hline & & \square \end{array}$$

❶ 5−4
❷ 3−3=0
十のくらいには何も書かない

⑦
$$\begin{array}{rcc} & 7 & 1 \\ - & & 1 \\ \hline & \square & \square \end{array}$$

❶ 1−1=0
一のくらいに 0 を書く
❷ 7−0

⑧
$$\begin{array}{rcc} & 3 & 9 \\ - & & 9 \\ \hline & \square & \square \end{array}$$

❶ 9−9=0
一のくらいに 0 を書く
❷ 3−0

べんきょうした日　　月　　日

# 28 くり下がりがない2けたのひき算②

れんしゅう

▶▶▶ 答えはべっさつ5ページ

①～⑧：1問8点　⑨～⑫：1問9点

点数　　　点

ひき算をしましょう。

① 59 − 19

② 87 − 47

③ 65 − 35

④ 71 − 51

⑤ 47 − 43

⑥ 65 − 62

⑦ 19 − 18

⑧ 76 − 74

⑨ 53 − 3

⑩ 92 − 2

⑪ 81 − 1

⑫ 69 − 9

べんきょうした日　　月　　日

# 29 くり下がりがない2けたのひき算②

れんしゅう

答えはべっさつ5ページ

①～⑧：1問8点　⑨～⑫：1問9点

点数　　点

ひき算をしましょう。

| | | |
|---|---|---|
| ① 95 − 35 | ② 78 − 48 | ③ 61 − 21 |
| ④ 34 − 14 | ⑤ 87 − 82 | ⑥ 56 − 53 |
| ⑦ 49 − 41 | ⑧ 68 − 64 | ⑨ 85 − 5 |
| ⑩ 13 − 3 | ⑪ 74 − 4 | ⑫ 97 − 7 |

# 30 くり下がりがない2けたのひき算②

れんしゅう

▶▶▶ 答えはべっさつ5ページ

①～⑧：1問8点　⑨～⑫：1問9点

点数　　点

ひき算をしましょう。

① $34 - 24$

② $86 - 16$

③ $96 - 46$

④ $31 - 11$

⑤ $59 - 53$

⑥ $28 - 24$

⑦ $67 - 62$

⑧ $45 - 42$

⑨ $99 - 9$

⑩ $38 - 8$

⑪ $26 - 6$

⑫ $72 - 2$

# 31 くり下がりが1回ある2けたのひき算①

りかい

▶▶▶ 答えはべっさつ5ページ

点数　　点

①～②：1問10点　③～⑥：1問20点

ひき算をしましょう。

①

| | 5 | |
|---|---|---|
| | 6 | 3 |
| － | 2 | 8 |
| | | |

❶ 3－8 はできないので，十のくらいの 6 から 1 くり下げて，6 にななめの線をひき，上に 1 へらした 5 を書く

❷ 13－8

❸ 5－2

②

| | | |
|---|---|---|
| | 7 | 3 |
| － | 2 | 8 |
| | | |

❶ 3－8 はできないので，十のくらいの 7 から 1 くり下げて，7 にななめの線をひき，上に 1 へらした 6 を書く

❷ 13－8

❸ 6－2

③

| | | |
|---|---|---|
| | 6 | 5 |
| － | 4 | 7 |
| | | |

❶ 5－7 はできないので，十のくらいの 6 から 1 くり下げて，6 にななめの線をひき，上に 1 へらした 5 を書く

❷ 15－7

❸ 5－4

④

| | | |
|---|---|---|
| | 8 | 6 |
| － | 1 | 8 |
| | | |

❶ 6－8 はできないので，十のくらいの 8 から 1 くり下げて，8 にななめの線をひき，上に 1 へらした 7 を書く

❷ 16－8

❸ 7－1

⑤

| | | |
|---|---|---|
| | 9 | 3 |
| － | | 4 |
| | | |

❶ 3－4 はできないので，十のくらいの 9 から 1 くり下げて，9 にななめの線をひき，上に 1 へらした 8 を書く

❷ 13－4

❸ 8－0

⑥

| | | |
|---|---|---|
| | 5 | 1 |
| － | | 9 |
| | | |

❶ 1－9 はできないので，十のくらいの 5 から 1 くり下げて，5 にななめの線をひき，上に 1 へらした 4 を書く

❷ 11－9

❸ 4－0

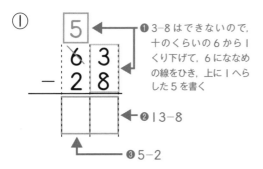

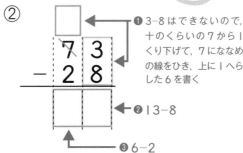

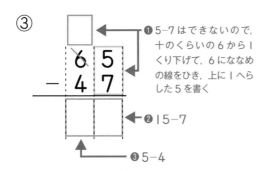

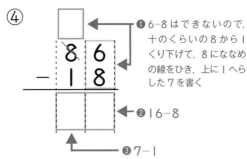

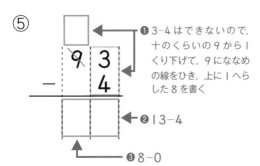

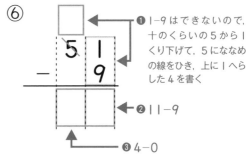

べんきょうした日　　月　　日

# 32 くり下がりが1回ある2けたのひき算①

れんしゅう

▶▶▶ 答えはべっさつ5ページ

①～⑧：1問8点　⑨～⑫：1問9点

点数　　点

ひき算をしましょう。

① $\begin{array}{r} 35 \\ -\ 19 \\ \hline \end{array}$

② $\begin{array}{r} 84 \\ -\ 27 \\ \hline \end{array}$

③ $\begin{array}{r} 93 \\ -\ 56 \\ \hline \end{array}$

④ $\begin{array}{r} 71 \\ -\ 45 \\ \hline \end{array}$

⑤ $\begin{array}{r} 67 \\ -\ 38 \\ \hline \end{array}$

⑥ $\begin{array}{r} 45 \\ -\ 29 \\ \hline \end{array}$

⑦ $\begin{array}{r} 82 \\ -\ 13 \\ \hline \end{array}$

⑧ $\begin{array}{r} 74 \\ -\ 56 \\ \hline \end{array}$

⑨ $\begin{array}{r} 93 \\ -\ \ 5 \\ \hline \end{array}$

⑩ $\begin{array}{r} 61 \\ -\ \ 8 \\ \hline \end{array}$

⑪ $\begin{array}{r} 34 \\ -\ \ 7 \\ \hline \end{array}$

⑫ $\begin{array}{r} 52 \\ -\ \ 9 \\ \hline \end{array}$

べんきょうした日　　月　　日

# 33 くり下がりが1回ある 2けたのひき算①

れんしゅう

答えはべっさつ6ページ

点数　　点

①〜⑧：1問8点　⑨〜⑫：1問9点

ひき算をしましょう。

① $93 - 45$

② $67 - 28$

③ $51 - 26$

④ $34 - 19$

⑤ $82 - 38$

⑥ $73 - 47$

⑦ $45 - 26$

⑧ $62 - 34$

⑨ $85 - 9$

⑩ $43 - 7$

⑪ $61 - 4$

⑫ $72 - 8$

# 34 くり下がりが1回ある 2けたのひき算①

れんしゅう

▶▶▶ 答えはべっさつ6ページ

点数　点

①～⑧：1問8点　⑨～⑫：1問9点

ひき算をしましょう。

① 94 − 37

② 82 − 16

③ 51 − 27

④ 62 − 43

⑤ 94 − 59

⑥ 73 − 25

⑦ 62 − 17

⑧ 73 − 35

⑨ 51 − 9

⑩ 33 − 8

⑪ 82 − 6

⑫ 91 − 4

# 35 くり下がりが1回ある 2けたのひき算②

りかい

▶▶▶ 答えはべっさつ6ページ

①〜②：1問10点　③〜⑥：1問20点

点数　点

ひき算をしましょう。

①

| | 3 | |
|---|---|---|
| | 4 | 2 |
| − | 3 | 9 |
| | | □ |

❶2−9はできないので，十のくらいの4から1くり下げて，4にななめの線をひき，上に1へらした3を書く

❷12−9

❸3−3=0
十のくらいには何も書かない

②

| | □ | |
|---|---|---|
| | 7 | 2 |
| − | 6 | 9 |
| | | □ |

❶2−9はできないので，十のくらいの7から1くり下げて，7にななめの線をひき，上に1へらした6を書く

❷12−9

❸6−6=0
十のくらいには何も書かない

③

| | □ | |
|---|---|---|
| | 5 | 1 |
| − | 4 | 2 |
| | | □ |

❶1−2はできないので，十のくらいの5から1くり下げて，5にななめの線をひき，上に1へらした4を書く

❷11−2

❸4−4=0
十のくらいには何も書かない

④

| | □ | |
|---|---|---|
| | 8 | 4 |
| − | 7 | 8 |
| | | □ |

❶4−8はできないので，十のくらいの8から1くり下げて，8にななめの線をひき，上に1へらした7を書く

❷14−8

❸7−7=0
十のくらいには何も書かない

⑤

| | □ | |
|---|---|---|
| | 6 | 6 |
| − | 5 | 7 |
| | | □ |

❶6−7はできないので，十のくらいの6から1くり下げて，6にななめの線をひき，上に1へらした5を書く

❷16−7

❸5−5=0
十のくらいには何も書かない

⑥

| | □ | |
|---|---|---|
| | 2 | 5 |
| − | 1 | 6 |
| | | □ |

❶5−6はできないので，十のくらいの2から1くり下げて，2にななめの線をひき，上に1へらした1を書く

❷15−6

❸1−1=0
十のくらいには何も書かない

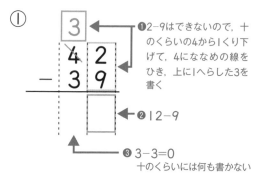

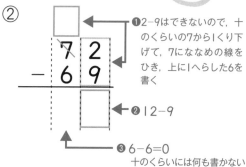

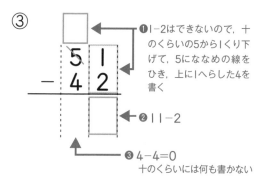

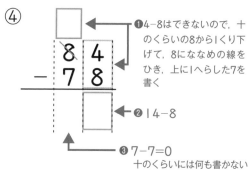

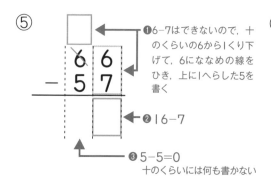

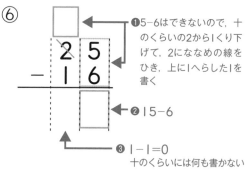

べんきょうした日　　月　　日

# 36 くり下がりが1回ある 2けたのひき算②

れんしゅう

▶▶▶ 答えはべっさつ6ページ

①～⑧：1問8点　⑨～⑫：1問9点

点数　　　点

ひき算をしましょう。

① 45 − 37

② 86 − 79

③ 23 − 18

④ 74 − 65

⑤ 46 − 38

⑥ 23 − 19

⑦ 83 − 76

⑧ 75 − 69

⑨ 92 − 85

⑩ 64 − 59

⑪ 32 − 27

⑫ 51 − 48

べんきょうした日　　月　　日

# 37 くり下がりが1回ある 2けたのひき算②

れんしゅう

▶▶▶ 答えはべっさつ6ページ

①～⑧：1問8点　⑨～⑫：1問9点

点数　　点

ひき算をしましょう。

① 95 − 87

② 37 − 28

③ 52 − 46

④ 21 − 16

⑤ 82 − 73

⑥ 71 − 67

⑦ 44 − 36

⑧ 62 − 59

⑨ 84 − 77

⑩ 43 − 38

⑪ 61 − 54

⑫ 82 − 79

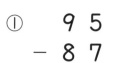

べんきょうした日　　月　　日

# 38 くり下がりが1回ある2けたのひき算②

れんしゅう

▶▶▶ 答えはべっさつ6ページ

点数　　点

①〜⑧：1問8点　⑨〜⑫：1問9点

ひき算をしましょう。

① $\begin{array}{r} 63 \\ -\ 59 \\ \hline \end{array}$

② $\begin{array}{r} 22 \\ -\ 16 \\ \hline \end{array}$

③ $\begin{array}{r} 53 \\ -\ 48 \\ \hline \end{array}$

④ $\begin{array}{r} 41 \\ -\ 39 \\ \hline \end{array}$

⑤ $\begin{array}{r} 85 \\ -\ 76 \\ \hline \end{array}$

⑥ $\begin{array}{r} 34 \\ -\ 28 \\ \hline \end{array}$

⑦ $\begin{array}{r} 62 \\ -\ 57 \\ \hline \end{array}$

⑧ $\begin{array}{r} 21 \\ -\ 19 \\ \hline \end{array}$

⑨ $\begin{array}{r} 56 \\ -\ 47 \\ \hline \end{array}$

⑩ $\begin{array}{r} 33 \\ -\ 28 \\ \hline \end{array}$

⑪ $\begin{array}{r} 71 \\ -\ 67 \\ \hline \end{array}$

⑫ $\begin{array}{r} 91 \\ -\ 88 \\ \hline \end{array}$

# 39 ひかれる数に0があるひき算①

りかい

▶▶▶ 答えはべっさつ7ページ

点数

①〜②：1問10点　③〜⑥：1問20点

点

ひき算をしましょう。

①

ひかれる数は40

| | 3 | |
|---|---|---|
| | 4 | 0 |
| − | 2 | 8 |
| | | |

❶0−8はできないので，十のくらいの4から1くり下げて，4にななめの線をひき，上に1へらした3を書く

❷10−8

❸3−2

②

ひかれる数は60

| | | |
|---|---|---|
| | 6 | 0 |
| − | 2 | 8 |
| | | |

❶0−8はできないので，十のくらいの6から1くり下げて，6にななめの線をひき，上に1へらした5を書く

❷10−8

❸5−2

③

ひかれる数は80

| | | |
|---|---|---|
| | 8 | 0 |
| − | 1 | 4 |
| | | |

❶0−4はできないので，十のくらいの8から1くり下げて，8にななめの線をひき，上に1へらした7を書く

❷10−4

❸7−1

④

ひかれる数は70

| | | |
|---|---|---|
| | 7 | 0 |
| − | 4 | 9 |
| | | |

❶0−9はできないので，十のくらいの7から1くり下げて，7にななめの線をひき，上に1へらした6を書く

❷10−9

❸6−4

⑤

ひかれる数は90

| | | |
|---|---|---|
| | 9 | 0 |
| − | | 4 |
| | | |

❶0−4はできないので，十のくらいの9から1くり下げて，9にななめの線をひき，上に1へらした8を書く

❷10−4

❸8−0

⑥

ひかれる数は30

| | | |
|---|---|---|
| | 3 | 0 |
| − | 2 | 7 |
| | | |

❶0−7はできないので，十のくらいの3から1くり下げて，3にななめの線をひき，上に1へらした2を書く

❷10−7

❸2−2=0
十のくらいには何も書かない

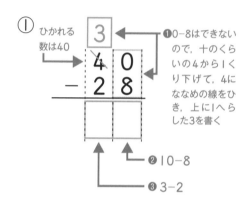

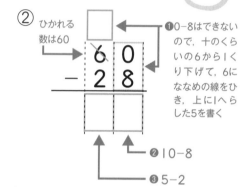

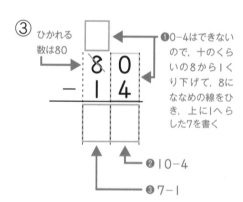

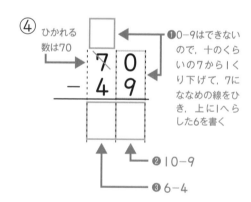

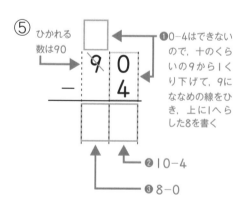

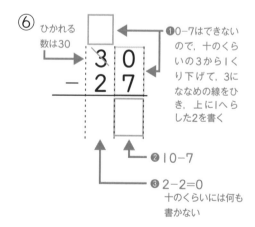

ニガテ

べんきょうした日　　月　　日

# 40 ひかれる数に0がある ひき算①

れんしゅう

▶▶▶ 答えはべっさつ7ページ

①～⑧：1問8点　⑨～⑫：1問9点

点数

点

ひき算をしましょう。

① $\begin{array}{r} 30 \\ -\ 17 \\ \hline \end{array}$

② $\begin{array}{r} 90 \\ -\ 26 \\ \hline \end{array}$

③ $\begin{array}{r} 80 \\ -\ 54 \\ \hline \end{array}$

④ $\begin{array}{r} 70 \\ -\ 31 \\ \hline \end{array}$

⑤ $\begin{array}{r} 60 \\ -\ 48 \\ \hline \end{array}$

⑥ $\begin{array}{r} 40 \\ -\ 29 \\ \hline \end{array}$

⑦ $\begin{array}{r} 80 \\ -\ 53 \\ \hline \end{array}$

⑧ $\begin{array}{r} 50 \\ -\ 16 \\ \hline \end{array}$

⑨ $\begin{array}{r} 70 \\ -\ \ 5 \\ \hline \end{array}$

⑩ $\begin{array}{r} 60 \\ -\ \ 8 \\ \hline \end{array}$

⑪ $\begin{array}{r} 30 \\ -\ \ 2 \\ \hline \end{array}$

⑫ $\begin{array}{r} 50 \\ -\ \ 9 \\ \hline \end{array}$

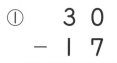

ニガテ

べんきょうした日　　月　　日

# 41 ひかれる数に0がある ひき算①

れんしゅう

▶▶▶ 答えはべっさつ7ページ

点数

①～⑧：1問8点　⑨～⑫：1問9点

点

ひき算をしましょう。

① $40 - 15$

② $70 - 38$

③ $50 - 26$

④ $90 - 54$

⑤ $80 - 77$

⑥ $30 - 18$

⑦ $80 - 35$

⑧ $60 - 59$

⑨ $70 - 1$

⑩ $50 - 7$

⑪ $20 - 4$

⑫ $60 - 5$

べんきょうした日　　月　　日

42

ひき算のまとめ

# なにを買《か》いに行《い》くのかな？

▶▶▶答えはべっさつ7ページ

分《わ》かれ道《みち》では，正しい答《こた》えの方《ほう》の道をえらんですすもう！

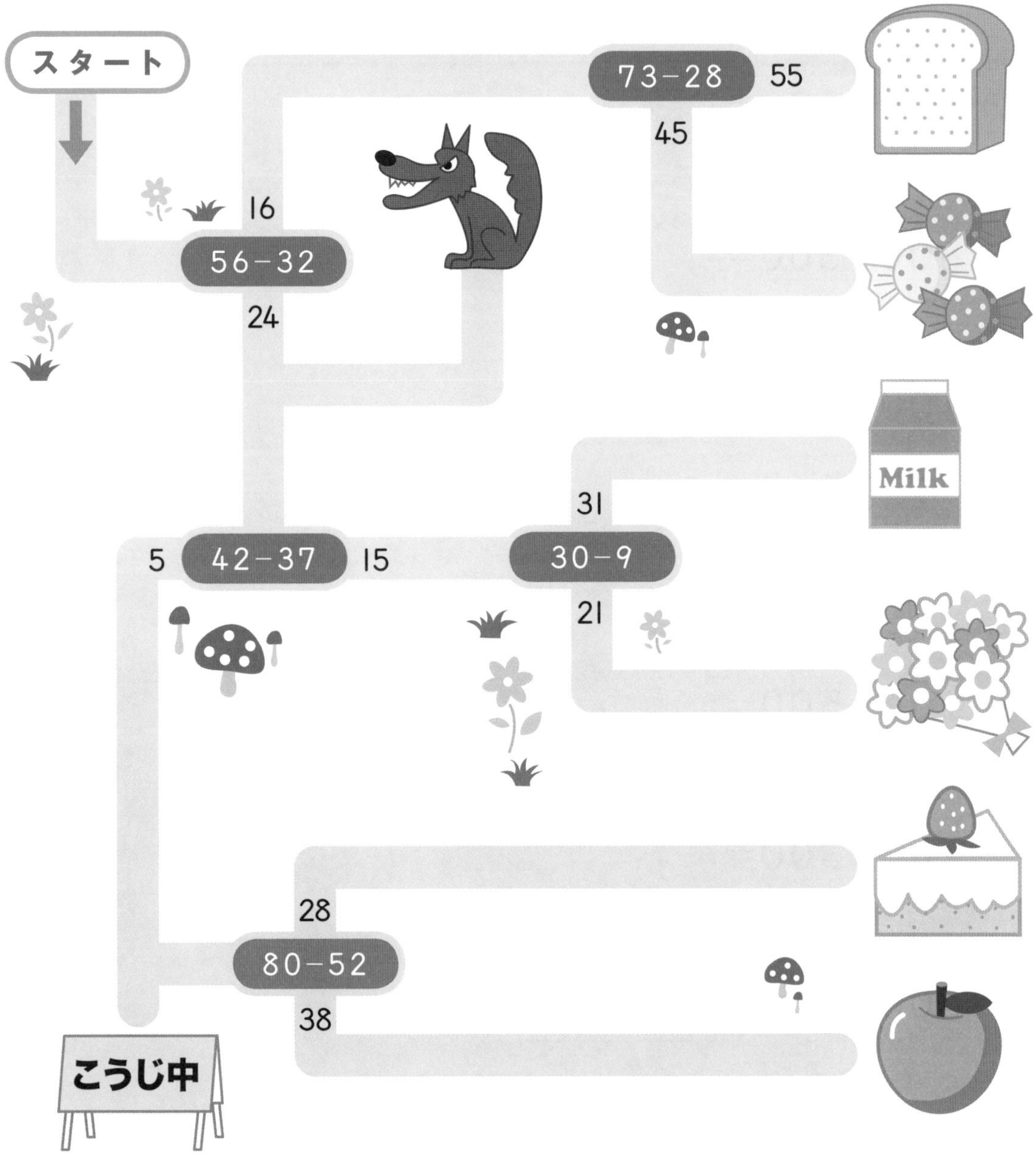

# 43 何百のたし算

りかい

答えはべっさつ7ページ

点数

①～④：1問10点　⑤～⑧：1問15点

点

たし算をしましょう。

① 500+300=

100が（5+3）こ

② 200+300=

100が（2+3）こ

③ 600+300=

100が（6+3）こ

④ 400+300=

100が（4+3）こ

⑤ 700+200=

100が（7+2）こ

⑥ 100+500=

100が（1+5）こ

⑦ 100+300=

100が（1+3）こ

⑧ 600+400=

100が（6+4）こ

べんきょうした日　　月　　日

# 44 何百のたし算

れんしゅう

▶▶▶ 答えはべっさつ8ページ

①～⑩：1問8点　⑪～⑫：1問10点

点数　　点

たし算をしましょう。

① 500＋400

② 300＋100

③ 100＋700

④ 200＋400

⑤ 600＋100

⑥ 300＋500

⑦ 400＋400

⑧ 100＋800

⑨ 600＋200

⑩ 500＋100

⑪ 300＋700

⑫ 900＋100

べんきょうした日　月　日

# 45 何百のひき算①

りかい

▶▶▶ 答えはべっさつ8ページ

点数　点

①〜④：1問10点　⑤〜⑧：1問15点

ひき算をしましょう。

① 900−200＝

100が（9−2）こ

② 900−600＝

100が（9−6）こ

③ 900−300＝

100が（9−3）こ

④ 900−500＝

100が（9−5）こ

⑤ 600−300＝

100が（6−3）こ

⑥ 700−400＝

100が（7−4）こ

⑦ 800−600＝

100が（8−6）こ

⑧ 500−100＝

100が（5−1）こ

べんきょうした日　　月　　日

# 46 何百のひき算①

れんしゅう

▶▶▶ 答えはべっさつ8ページ

①～⑧：1問8点　⑨～⑫：1問9点

点数

点

ひき算をしましょう。

① 500－400

② 300－100

③ 800－500

④ 700－200

⑤ 400－100

⑥ 900－800

⑦ 800－300

⑧ 500－200

⑨ 200－100

⑩ 800－700

⑪ 600－200

⑫ 900－400

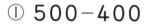

べんきょうした日　　月　　日

# 47 何百のひき算②

りかい

▶▶▶ 答えはべっさつ8ページ

点数　　点

①～④：1問12点　⑤～⑧：1問13点

ひき算をしましょう。

① 1000－200＝□□□

100が（10－2）こ

② 1000－300＝□□□

100が（10－3）こ

③ 1000－400＝□□□

100が（10－4）こ

④ 1000－500＝□□□

100が（10－5）こ

⑤ 1000－600＝□□□

100が（10－6）こ

⑥ 1000－700＝□□□

100が（10－7）こ

⑦ 1000－800＝□□□

100が（10－8）こ

⑧ 1000－900＝□□□

100が（10－9）こ

べんきょうした日　　月　　日

# 48 何百のひき算②

れんしゅう

▶▶▶ 答えはべっさつ8ページ

①～④：1問12点　⑤～⑧：1問13点

点数　　　点

ひき算をしましょう。

① 1000－400

② 1000－100

③ 1000－500

④ 1000－200

⑤ 1000－300

⑥ 1000－800

⑦ 1000－700

⑧ 1000－600

べんきょうした日　　月　　日

# 49 たされる数が3けたのたし算①

りかい

▶▶▶ 答えはべっさつ8ページ

①〜②：1問10点　③〜⑥：1問20点

点数　　点

たし算をしましょう。

①

| | | | |
|---|---|---|---|
| | 1 | 1 | 1 |
| + | | | 5 |
| | | | |

← たされる数は 111

❶ 1+5
❷ 1+0
❸ 1+0

②

| | | | |
|---|---|---|---|
| | 1 | 1 | 2 |
| + | | | 5 |
| | | | |

← たされる数は 112

❶ 2+5
❷ 1+0
❸ 1+0

③

| | | | |
|---|---|---|---|
| | 2 | 2 | 3 |
| + | | | 5 |
| | | | |

← たされる数は 223

❶ 3+5
❷ 2+0
❸ 2+0

④

| | | | |
|---|---|---|---|
| | 4 | 5 | 5 |
| + | | 1 | 2 |
| | | | |

← たされる数は 455

❶ 5+2
❷ 5+1
❸ 4+0

⑤

| | | | |
|---|---|---|---|
| | 3 | 5 | 2 |
| + | | 2 | 2 |
| | | | |

← たされる数は 352

❶ 2+2
❷ 5+2
❸ 3+0

⑥

| | | | |
|---|---|---|---|
| | 5 | 3 | 2 |
| + | | 2 | 6 |
| | | | |

← たされる数は 532

❶ 2+6
❷ 3+2
❸ 5+0

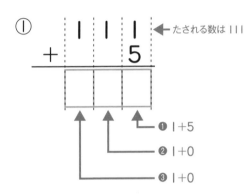

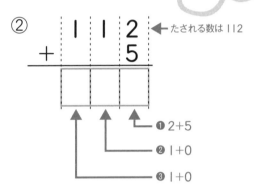

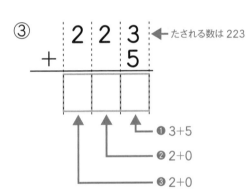

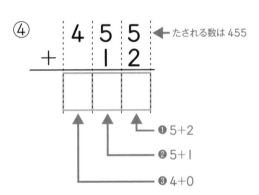

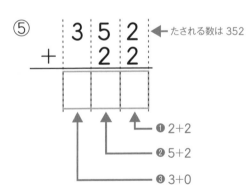

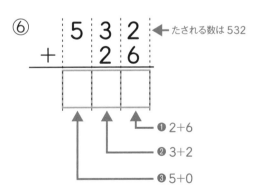

べんきょうした日　　月　　日

# 50 たされる数が3けたのたし算①

れんしゅう

▶▶▶ 答えはべっさつ8ページ

①〜⑧：1問8点　⑨〜⑫：1問9点

点数　　点

たし算をしましょう。

①
```
  4 2 3
+     1
```

②
```
  5 4 1
+     2
```

③
```
  9 7 3
+     3
```

④
```
  8 1 1
+     4
```

⑤
```
  7 2 4
+     5
```

⑥
```
  1 2 4
+     3
```

⑦
```
  4 2 8
+   5 1
```

⑧
```
  5 1 1
+   6 6
```

⑨
```
  6 1 4
+   3 2
```

⑩
```
  8 8 4
+   1 5
```

⑪
```
  7 1 2
+   7 4
```

⑫
```
  9 7 6
+   2 2
```

# 51 たされる数が3けたのたし算②

りかい

▶▶▶ 答えはべっさつ8ページ

点数　　点

①〜②：1問10点　③〜⑥：1問20点

たし算をしましょう。

①

| | | | | |
|---|---|---|---|---|
| | | 1 | | ←❷くり上げた1を書く |
| | 1 | 2 | 3 | ←たされる数は123 |
| + | | | 9 | |
| | □ | □ | □ | |

❶ 3+9=12 十のくらいに1くり上げる
❸ 1+2
❹ 1+0

②

| | | | | |
|---|---|---|---|---|
| | | □ | | ←❷くり上げた1を書く |
| | 6 | 4 | 3 | ←たされる数は643 |
| + | | | 9 | |
| | □ | □ | □ | |

❶ 3+9=12 十のくらいに1くり上げる
❸ 1+4
❹ 6+0

③

| | | | | |
|---|---|---|---|---|
| | | □ | | ←❷くり上げた1を書く |
| | 8 | 7 | 6 | ←たされる数は876 |
| + | | | 7 | |
| | □ | □ | □ | |

❶ 6+7=13 十のくらいに1くり上げる
❸ 1+7
❹ 8+0

④

| | | | | |
|---|---|---|---|---|
| | | □ | | ←❷くり上げた1を書く |
| | 2 | 5 | 8 | ←たされる数は258 |
| + | | | 4 | |
| | □ | □ | □ | |

❶ 8+4=12 十のくらいに1くり上げる
❸ 1+5
❹ 2+0

⑤

| | | | | |
|---|---|---|---|---|
| | | □ | | ←❷くり上げた1を書く |
| | 5 | 3 | 9 | ←たされる数は539 |
| + | | | 9 | |
| | □ | □ | □ | |

❶ 9+9=18 十のくらいに1くり上げる
❸ 1+3
❹ 5+0

⑥

| | | | | |
|---|---|---|---|---|
| | | □ | | ←❷くり上げた1を書く |
| | 6 | 2 | 7 | ←たされる数は627 |
| + | | | 3 | |
| | □ | □ | □ | |

❶ 7+3=10 十のくらいに1くり上げる
❸ 1+2
❹ 6+0

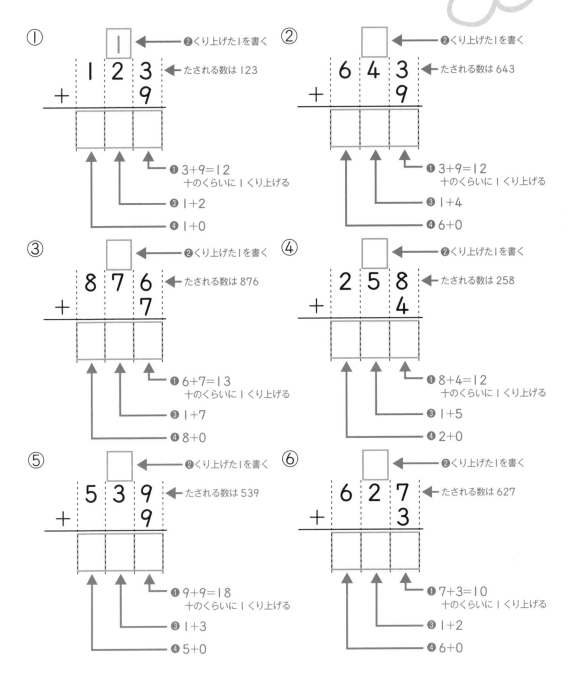

べんきょうした日　　月　　日

# 52 たされる数が3けたのたし算②

れんしゅう

▶▶▶ 答えはべっさつ9ページ

①～⑧：1問8点　⑨～⑫：1問9点

点数　　点

たし算をしましょう。

① $\begin{array}{r} 238 \\ +\quad 6 \\ \hline \end{array}$

② $\begin{array}{r} 512 \\ +\quad 9 \\ \hline \end{array}$

③ $\begin{array}{r} 427 \\ +\quad 8 \\ \hline \end{array}$

④ $\begin{array}{r} 146 \\ +\quad 9 \\ \hline \end{array}$

⑤ $\begin{array}{r} 618 \\ +\quad 8 \\ \hline \end{array}$

⑥ $\begin{array}{r} 125 \\ +\quad 7 \\ \hline \end{array}$

⑦ $\begin{array}{r} 337 \\ +\quad 4 \\ \hline \end{array}$

⑧ $\begin{array}{r} 726 \\ +\quad 5 \\ \hline \end{array}$

⑨ $\begin{array}{r} 439 \\ +\quad 1 \\ \hline \end{array}$

⑩ $\begin{array}{r} 532 \\ +\quad 8 \\ \hline \end{array}$

⑪ $\begin{array}{r} 245 \\ +\quad 5 \\ \hline \end{array}$

⑫ $\begin{array}{r} 617 \\ +\quad 3 \\ \hline \end{array}$

# 53 たされる数が3けたのたし算③

りかい

▶▶▶ 答えはべっさつ9ページ

点数　　点

①～②：1問10点　③～⑥：1問20点

たし算をしましょう。

①

| | | | |
|---|---|---|---|
| | | 1 | ←❷くり上げた1を書く |
| | 2 | 3 | 8 ←たされる数は238 |
| + | | 4 | 7 |
| | □ | □ | □ |

❶ 8+7=15 十のくらいに1くり上げる
❸ 1+3+4
❹ 2+0

②

| | | | |
|---|---|---|---|
| | | □ | ←❷くり上げた1を書く |
| | 5 | 3 | 8 ←たされる数は538 |
| + | | 4 | 7 |
| | □ | □ | □ |

❶ 8+7=15 十のくらいに1くり上げる
❸ 1+3+4
❹ 5+0

③

| | | | |
|---|---|---|---|
| | | □ | ←❷くり上げた1を書く |
| | 1 | 6 | 9 ←たされる数は169 |
| + | | 2 | 4 |
| | □ | □ | □ |

❶ 9+4=13 十のくらいに1くり上げる
❸ 1+6+2
❹ 1+0

④

| | | | |
|---|---|---|---|
| | | □ | ←❷くり上げた1を書く |
| | 5 | 2 | 7 ←たされる数は527 |
| + | | 3 | 5 |
| | □ | □ | □ |

❶ 7+5=12 十のくらいに1くり上げる
❸ 1+2+3
❹ 5+0

⑤

| | | | |
|---|---|---|---|
| | | □ | ←❷くり上げた1を書く |
| | 3 | 3 | 8 ←たされる数は338 |
| + | | 3 | 8 |
| | □ | □ | □ |

❶ 8+8=16 十のくらいに1くり上げる
❸ 1+3+3
❹ 3+0

⑥

| | | | |
|---|---|---|---|
| | | □ | ←❷くり上げた1を書く |
| | 4 | 1 | 6 ←たされる数は416 |
| + | | 5 | 4 |
| | □ | □ | □ |

❶ 6+4=10 十のくらいに1くり上げる
❸ 1+1+5
❹ 4+0

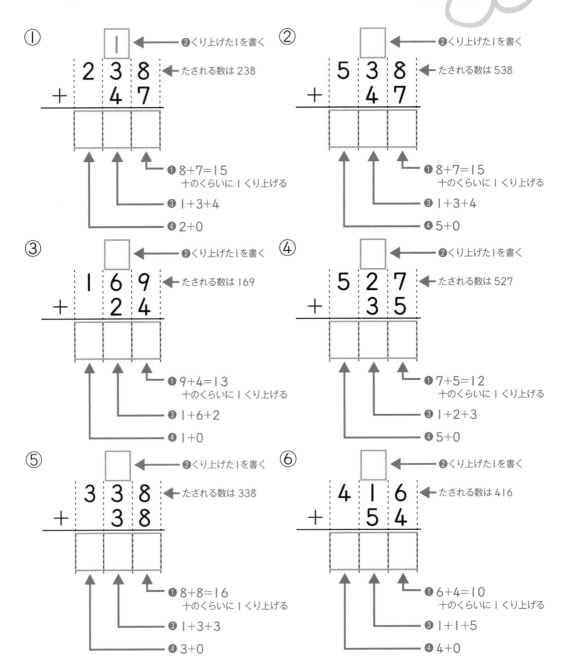

べんきょうした日　　月　　日

# 54 たされる数が3けたのたし算③

れんしゅう

▶▶▶ 答えはべっさつ9ページ

①～⑧：1問8点　⑨～⑫：1問9点

点数

点

たし算をしましょう。

① $\begin{array}{r} 329 \\ +\ \ 56 \\ \hline \end{array}$

② $\begin{array}{r} 745 \\ +\ \ 18 \\ \hline \end{array}$

③ $\begin{array}{r} 137 \\ +\ \ 47 \\ \hline \end{array}$

④ $\begin{array}{r} 814 \\ +\ \ 78 \\ \hline \end{array}$

⑤ $\begin{array}{r} 523 \\ +\ \ 39 \\ \hline \end{array}$

⑥ $\begin{array}{r} 255 \\ +\ \ 16 \\ \hline \end{array}$

⑦ $\begin{array}{r} 347 \\ +\ \ 24 \\ \hline \end{array}$

⑧ $\begin{array}{r} 638 \\ +\ \ 16 \\ \hline \end{array}$

⑨ $\begin{array}{r} 422 \\ +\ \ 39 \\ \hline \end{array}$

⑩ $\begin{array}{r} 116 \\ +\ \ 14 \\ \hline \end{array}$

⑪ $\begin{array}{r} 235 \\ +\ \ 35 \\ \hline \end{array}$

⑫ $\begin{array}{r} 558 \\ +\ \ 22 \\ \hline \end{array}$

べんきょうした日　月　日

# 55 たされる数が3けたのたし算③

れんしゅう

答えはべっさつ9ページ

点数　点

①～⑧：1問8点　⑨～⑫：1問9点

たし算をしましょう。

① 519 + 34

② 256 + 27

③ 468 + 13

④ 335 + 45

⑤ 877 + 14

⑥ 111 + 39

⑦ 755 + 26

⑧ 528 + 65

⑨ 324 + 26

⑩ 437 + 48

⑪ 616 + 57

⑫ 239 + 19

べんきょうした日　　月　　日

# 56

## 何百の計算と3けたのたし算のまとめ

# なんてかいてあるのかな？

▶▶▶答えはべっさつ9ページ

計算《けいさん》をして，答《こた》えのじゅんに文字をならべよう！

① 300＋500　　② 385＋9

③ 237＋8　　④ 600＋400

⑤ 213＋32　　⑥ 316＋78

⑦ 1000－200

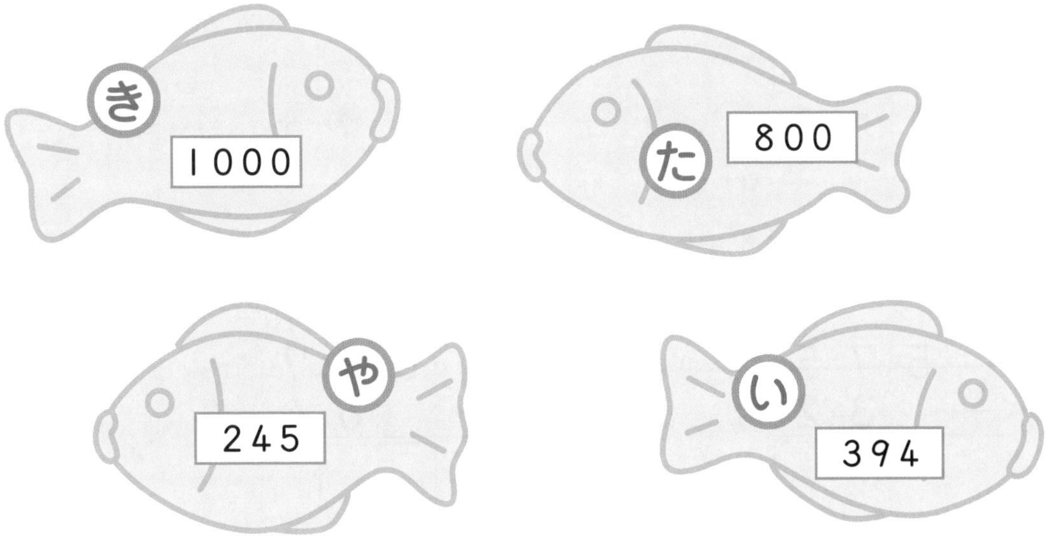


| ① | ② | ③ | ④ | ⑤ | ⑥ | ⑦ |
|---|---|---|---|---|---|---|
| | | | | | | |

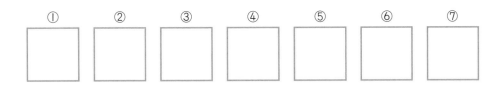

# 57 ひかれる数が3けたのひき算①

りかい

▶▶▶ 答えはべっさつ9ページ

点数　　点

①〜②：1問10点　③〜⑥：1問20点

ひき算をしましょう。

①

| | | | |
|---|---|---|---|
| | 1 | 1 | 5 |
| − | | | 2 |
| | □ | □ | □ |

← ひかれる数は 115

❶ 5−2
❷ 1−0
❸ 1−0

②

| | | | |
|---|---|---|---|
| | 1 | 1 | 6 |
| − | | | 5 |
| | □ | □ | □ |

← ひかれる数は 116

❶ 6−5
❷ 1−0
❸ 1−0

③

| | | | |
|---|---|---|---|
| | 3 | 1 | 8 |
| − | | | 6 |
| | □ | □ | □ |

← ひかれる数は 318

❶ 8−6
❷ 1−0
❸ 3−0

④

| | | | |
|---|---|---|---|
| | 4 | 4 | 6 |
| − | | 1 | 1 |
| | □ | □ | □ |

← ひかれる数は 446

❶ 6−1
❷ 4−1
❸ 4−0

⑤

| | | | |
|---|---|---|---|
| | 5 | 7 | 5 |
| − | | 3 | 2 |
| | □ | □ | □ |

← ひかれる数は 575

❶ 5−2
❷ 7−3
❸ 5−0

⑥

| | | | |
|---|---|---|---|
| | 6 | 9 | 7 |
| − | | 6 | 4 |
| | □ | □ | □ |

← ひかれる数は 697

❶ 7−4
❷ 9−6
❸ 6−0

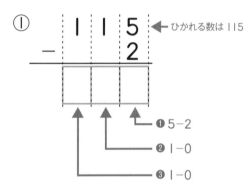

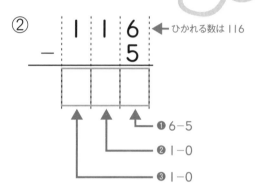

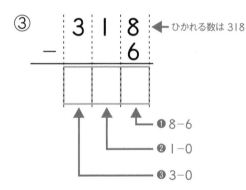

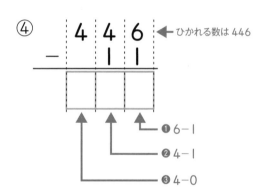

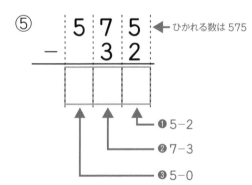

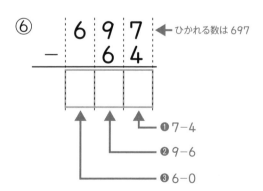

# 58 ひかれる数が3けたのひき算①

れんしゅう

▶▶▶ 答えはべっさつ10ページ

点数　　点

①～⑧：1問8点　⑨～⑫：1問9点

ひき算をしましょう。

① $\begin{array}{r} 115 \\ -\quad 4 \\ \hline \end{array}$

② $\begin{array}{r} 147 \\ -\quad 2 \\ \hline \end{array}$

③ $\begin{array}{r} 756 \\ -\quad 4 \\ \hline \end{array}$

④ $\begin{array}{r} 898 \\ -\quad 6 \\ \hline \end{array}$

⑤ $\begin{array}{r} 977 \\ -\quad 3 \\ \hline \end{array}$

⑥ $\begin{array}{r} 328 \\ -\quad 2 \\ \hline \end{array}$

⑦ $\begin{array}{r} 159 \\ -\quad 33 \\ \hline \end{array}$

⑧ $\begin{array}{r} 572 \\ -\quad 61 \\ \hline \end{array}$

⑨ $\begin{array}{r} 654 \\ -\quad 13 \\ \hline \end{array}$

⑩ $\begin{array}{r} 249 \\ -\quad 26 \\ \hline \end{array}$

⑪ $\begin{array}{r} 556 \\ -\quad 45 \\ \hline \end{array}$

⑫ $\begin{array}{r} 679 \\ -\quad 44 \\ \hline \end{array}$

# 59 ひかれる数が3けたのひき算②

りかい

答えはべっさつ10ページ

点数　　点

①～②：1問10点　③～⑥：1問20点

ひき算をしましょう。

① ひかれる数は463

| | | |
|---|---|---|
| | 5 | |
| 4 | 6 | 3 |
| − | 2 | 4 |
| | | |

❶3−4はできないので，十のくらいの6から1くり下げて，6にななめの線をひき，上に1へらした5を書く
❷13−4
❸5−2
❹4−0

② ひかれる数は473

| | | |
|---|---|---|
| | | |
| 4 | 7 | 3 |
| − | 3 | 4 |
| | | |

❶3−4はできないので，十のくらいの7から1くり下げて，7にななめの線をひき，上に1へらした6を書く
❷13−4
❸6−3
❹4−0

③ ひかれる数は175

| | | |
|---|---|---|
| | | |
| 1 | 7 | 5 |
| − | 3 | 9 |
| | | |

❶5−9はできないので，十のくらいの7から1くり下げて，7にななめの線をひき，上に1へらした6を書く
❷15−9
❸6−3
❹1−0

④ ひかれる数は592

| | | |
|---|---|---|
| | | |
| 5 | 9 | 2 |
| − | 1 | 8 |
| | | |

❶2−8はできないので，十のくらいの9から1くり下げて，9にななめの線をひき，上に1へらした8を書く
❷12−8
❸8−1
❹5−0

⑤ ひかれる数は854

| | | |
|---|---|---|
| | | |
| 8 | 5 | 4 |
| − | 1 | 6 |
| | | |

❶4−6はできないので，十のくらいの5から1くり下げて，5にななめの線をひき，上に1へらした4を書く
❷14−6
❸4−1
❹8−0

⑥ ひかれる数は781

| | | |
|---|---|---|
| | | |
| 7 | 8 | 1 |
| − | 5 | 3 |
| | | |

❶1−3はできないので，十のくらいの8から1くり下げて，8にななめの線をひき，上に1へらした7を書く
❷11−3
❸7−5
❹7−0

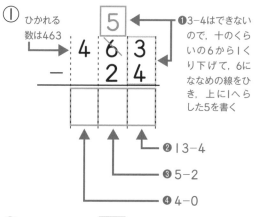

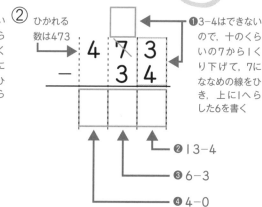

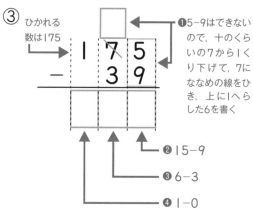

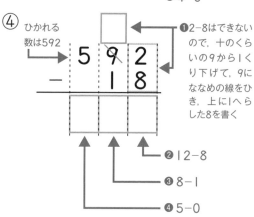

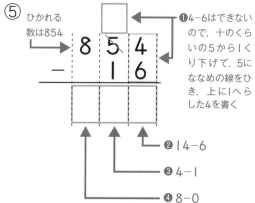

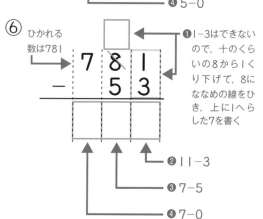

べんきょうした日　　月　　日

# 60 ひかれる数が3けたのひき算②

れんしゅう

▶▶▶ 答えはべっさつ10ページ

①～⑧：1問8点　⑨～⑫：1問9点

点数

点

ひき算をしましょう。

① $256 - 37$

② $445 - 18$

③ $162 - 24$

④ $374 - 65$

⑤ $681 - 46$

⑥ $592 - 73$

⑦ $431 - 15$

⑧ $763 - 26$

⑨ $254 - 37$

⑩ $182 - 59$

⑪ $975 - 17$

⑫ $553 - 48$

# 61 ひかれる数が3けたのひき算③

りかい

▶▶▶ 答えはべっさつ10ページ

①〜②：1問10点　③〜⑥：1問20点

点数　　点

ひき算をしましょう。

① ひかれる数は125

| | [1] | |
|---|---|---|
| 1 | 2 | 5 |
| − | | 9 |
| □ | □ | □ |

❶5−9はできないので，十のくらいの2から1くり下げて，2にななめの線をひき，上に1へらした1を書く
❷15−9
❸1−0
❹1−0

② ひかれる数は123

| | □ | |
|---|---|---|
| 1 | 2 | 3 |
| − | | 6 |
| □ | □ | □ |

❶3−6はできないので，十のくらいの2から1くり下げて，2にななめの線をひき，上に1へらした1を書く
❷13−6
❸1−0
❹1−0

③ ひかれる数は482

| | □ | |
|---|---|---|
| 4 | 8 | 2 |
| − | | 5 |
| □ | □ | □ |

❶2−5はできないので，十のくらいの8から1くり下げて，8にななめの線をひき，上に1へらした7を書く
❷12−5
❸7−0
❹4−0

④ ひかれる数は357

| | □ | |
|---|---|---|
| 3 | 5 | 7 |
| − | | 8 |
| □ | □ | □ |

❶7−8はできないので，十のくらいの5から1くり下げて，5にななめの線をひき，上に1へらした4を書く
❷17−8
❸4−0
❹3−0

⑤ ひかれる数は791

| | □ | |
|---|---|---|
| 7 | 9 | 1 |
| − | | 6 |
| □ | □ | □ |

❶1−6はできないので，十のくらいの9から1くり下げて，9にななめの線をひき，上に1へらした8を書く
❷11−6
❸8−0
❹7−0

⑥ ひかれる数は974

| | □ | |
|---|---|---|
| 9 | 7 | 4 |
| − | | 9 |
| □ | □ | □ |

❶4−9はできないので，十のくらいの7から1くり下げて，7にななめの線をひき，上に1へらした6を書く
❷14−9
❸6−0
❹9−0

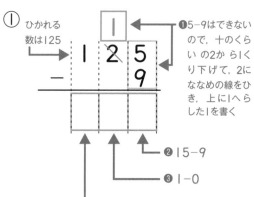

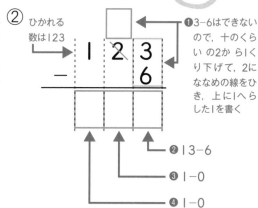

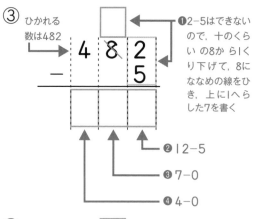

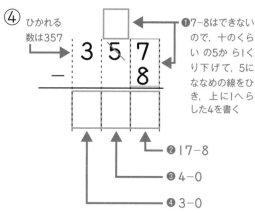

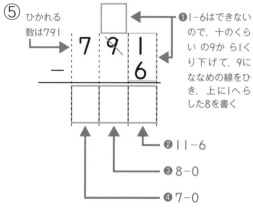

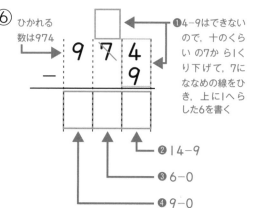

べんきょうした日　月　日

# 62 ひかれる数が3けたのひき算③

れんしゅう

答えはべっさつ11ページ

①～⑧：1問8点　⑨～⑫：1問9点

点数　点

ひき算をしましょう。

① 126 − 8 =

② 234 − 7 =

③ 352 − 6 =

④ 261 − 8 =

⑤ 593 − 9 =

⑥ 772 − 4 =

⑦ 214 − 7 =

⑧ 418 − 9 =

⑨ 813 − 8 =

⑩ 612 − 6 =

⑪ 111 − 8 =

⑫ 917 − 9 =

# 63 くり下がりが2回あるひき算

りかい

▶▶▶ 答えはべっさつ11ページ

①〜②：1問10点　③〜⑥：1問20点

点数　　点

ひき算をしましょう。

①

$$\begin{array}{r} 143 \\ -\ \ 68 \\ \hline \end{array}$$

（十のくらいの上に 3 と書いてある）

❶3−8はできないので，十のくらいの4から1くり下げて，4にななめの線をひき，上に3を書く

❷13−8

❸3−6はできないので，百のくらいから1くり下げて，1にななめの線をひく

❹13−6

❺何も書かない

②

$$\begin{array}{r} 123 \\ -\ \ 58 \\ \hline \end{array}$$

❶3−8はできないので，十のくらいの2から1くり下げて，2にななめの線をひき，上に1を書く

❷13−8

❸1−5はできないので，百のくらいから1くり下げて，1にななめの線をひく

❹11−5

❺何も書かない

③

$$\begin{array}{r} 131 \\ -\ \ 85 \\ \hline \end{array}$$

❶1−5はできないので，十のくらいの3から1くり下げて，3にななめの線をひき，上に2を書く

❷11−5

❸2−8はできないので，百のくらいから1くり下げて，1にななめの線をひく

❹12−8

❺何も書かない

④

$$\begin{array}{r} 112 \\ -\ \ 34 \\ \hline \end{array}$$

❶2−4はできないので，十のくらいの1から1くり下げて，1にななめの線をひき，上に0を書く

❷12−4

❸0−3はできないので，百のくらいから1くり下げて，1にななめの線をひく

❹10−3

❺何も書かない

⑤

$$\begin{array}{r} 164 \\ -\ \ 76 \\ \hline \end{array}$$

❶4−6はできないので，十のくらいの6から1くり下げて，6にななめの線をひき，上に5を書く

❷14−6

❸5−7はできないので，百のくらいから1くり下げて，1にななめの線をひく

❹15−7

❺何も書かない

⑥

$$\begin{array}{r} 151 \\ -\ \ 52 \\ \hline \end{array}$$

❶1−2はできないので，十のくらいの5から1くり下げて，5にななめの線をひき，上に4を書く

❷11−2

❸4−5はできないので，百のくらいから1くり下げて，1にななめの線をひく

❹14−5

❺何も書かない

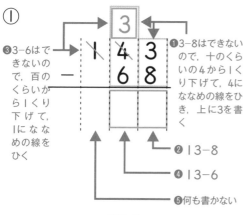

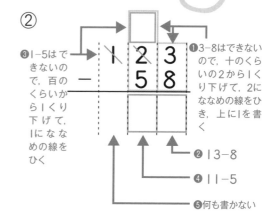

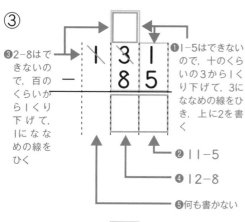

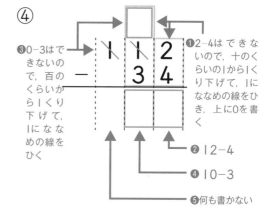

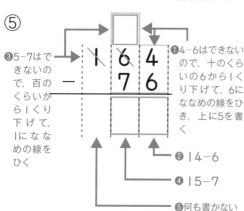

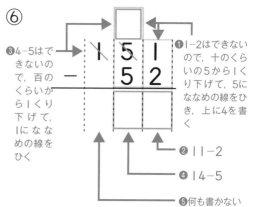

ニガテ

べんきょうした日　　月　　日

# 64 くり下がりが2回ある ひき算

れんしゅう

答えはべっさつ11ページ

点数　　点

①～⑧：1問8点　⑨～⑫：1問9点

ひき算をしましょう。

① 121 − 58

② 154 − 69

③ 136 − 47

④ 113 − 26

⑤ 148 − 49

⑥ 122 − 75

⑦ 136 − 68

⑧ 155 − 87

⑨ 117 − 38

⑩ 124 − 56

⑪ 146 − 69

⑫ 133 − 44

べんきょうした日　　月　　日

# 65 くり下がりが2回ある ひき算

れんしゅう

答えはべっさつ11ページ

①～⑧：1問8点　⑨～⑫：1問9点

点数　　点

ひき算をしましょう。

| | | |
|---|---|---|
| ① 134 − 48 | ② 162 − 86 | ③ 153 − 79 |
| ④ 142 − 65 | ⑤ 121 − 54 | ⑥ 115 − 28 |
| ⑦ 137 − 99 | ⑧ 153 − 57 | ⑨ 111 − 35 |
| ⑩ 124 − 86 | ⑪ 145 − 69 | ⑫ 132 − 48 |

ニガテ

べんきょうした日　　月　　日

# 66 くり下がりが2回ある ひき算

れんしゅう

答えはべっさつ11ページ

①～⑧：1問8点　⑨～⑫：1問9点

点数　　点

ひき算をしましょう。

① $\begin{array}{r} 121 \\ -\ \ 74 \\ \hline \end{array}$

② $\begin{array}{r} 136 \\ -\ \ 38 \\ \hline \end{array}$

③ $\begin{array}{r} 143 \\ -\ \ 89 \\ \hline \end{array}$

④ $\begin{array}{r} 112 \\ -\ \ 56 \\ \hline \end{array}$

⑤ $\begin{array}{r} 155 \\ -\ \ 97 \\ \hline \end{array}$

⑥ $\begin{array}{r} 134 \\ -\ \ 65 \\ \hline \end{array}$

⑦ $\begin{array}{r} 123 \\ -\ \ 44 \\ \hline \end{array}$

⑧ $\begin{array}{r} 111 \\ -\ \ 16 \\ \hline \end{array}$

⑨ $\begin{array}{r} 145 \\ -\ \ 59 \\ \hline \end{array}$

⑩ $\begin{array}{r} 116 \\ -\ \ 78 \\ \hline \end{array}$

⑪ $\begin{array}{r} 137 \\ -\ \ 69 \\ \hline \end{array}$

⑫ $\begin{array}{r} 184 \\ -\ \ 87 \\ \hline \end{array}$

# 67 ひかれる数に0がある ひき算②

りかい

▶▶▶ 答えはべっさつ11ページ

点数

1問25点

点

ひき算をしましょう。

①

```
   1 7 0
 −   8 3
 ―――――――
```

❶0−3はできないので，十のくらいの7から1くり下げて7にななめの線をひき，上に1へらした6を書く

❷ 10−3

❸6−8はできないので，百のくらいから1くり下げて，1にななめの線をひく

❹ 16−8

❺何も書かない

②

ひかれる数は103

```
     9
    10
   1 0 3
 −   2 4
 ―――――――
```

❶3−4はできない。十のくらいからくり下げられないので，百のくらいからくり下げる。百のくらいの1と十のくらいの0にななめの線をひき，十のくらいの上に10と書く。

❷10にななめの線をひき，上に1へらした9を書く

❸ 13−4

❹ 9−2

❺何も書かない

③

ひかれる数は103

```
   1 0 3
 −   8 4
 ―――――――
```

❶3−4はできない。十のくらいからくり下げられないので，百のくらいからくり下げる。百のくらいの1と十のくらいの0にななめの線をひき，十のくらいの上に10と書く。

❷10にななめの線をひき，上に1へらした9を書く

❸ 13−4

❹ 9−8

❺何も書かない

④

ひかれる数は105

```
   1 0 5
 −   7 9
 ―――――――
```

❶5−9はできない。十のくらいからくり下げられないので，百のくらいからくり下げる。百のくらいの1と十のくらいの0にななめの線をひき，十のくらいの上に10と書く。

❷10にななめの線をひき，上に1へらした9を書く

❸ 15−9

❹ 9−7

❺何も書かない

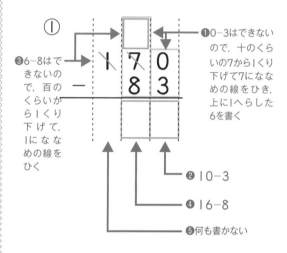

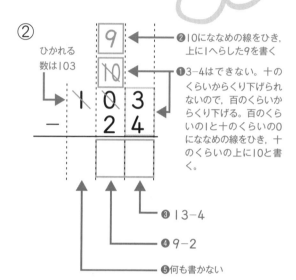

ニガテ

べんきょうした日　　月　　日

# 68 ひかれる数に0があるひき算②

れんしゅう

答えはべっさつ12ページ

①～⑧：1問8点　⑨～⑫：1問9点

点数　　点

ひき算をしましょう。

① $120 - 36$

② $150 - 59$

③ $140 - 74$

④ $107 - 58$

⑤ $106 - 27$

⑥ $104 - 15$

⑦ $107 - 79$

⑧ $102 - 54$

⑨ $105 - 66$

⑩ $102 - 68$

⑪ $105 - 17$

⑫ $107 - 59$

べんきょうした日　　月　　日

# 69 ひかれる数に0があるひき算②

れんしゅう

答えはべっさつ12ページ

点数

①～⑧：1問8点　⑨～⑫：1問9点

点

ひき算をしましょう。

① $180 - 89$

② $140 - 73$

③ $120 - 99$

④ $104 - 56$

⑤ $102 - 73$

⑥ $105 - 57$

⑦ $101 - 85$

⑧ $105 - 29$

⑨ $108 - 69$

⑩ $102 - 34$

⑪ $104 - 55$

⑫ $101 - 18$

べんきょうした日　月　日

# 70 3けたのひき算のまとめ
# なにがかくれているかな？

▶▶▶答えはべっさつ12ページ

計算《けいさん》をして，答《こた》えの点《てん》をじゅんに線《せん》でむすぼう！

① 108－5　　② 143－27

③ 135－36　　④ 100－48

⑤ 171－54　　⑥ 122－83

⑦ 108－79　　⑧ 104－7

⑨ 150－61　　⑩ 163－94

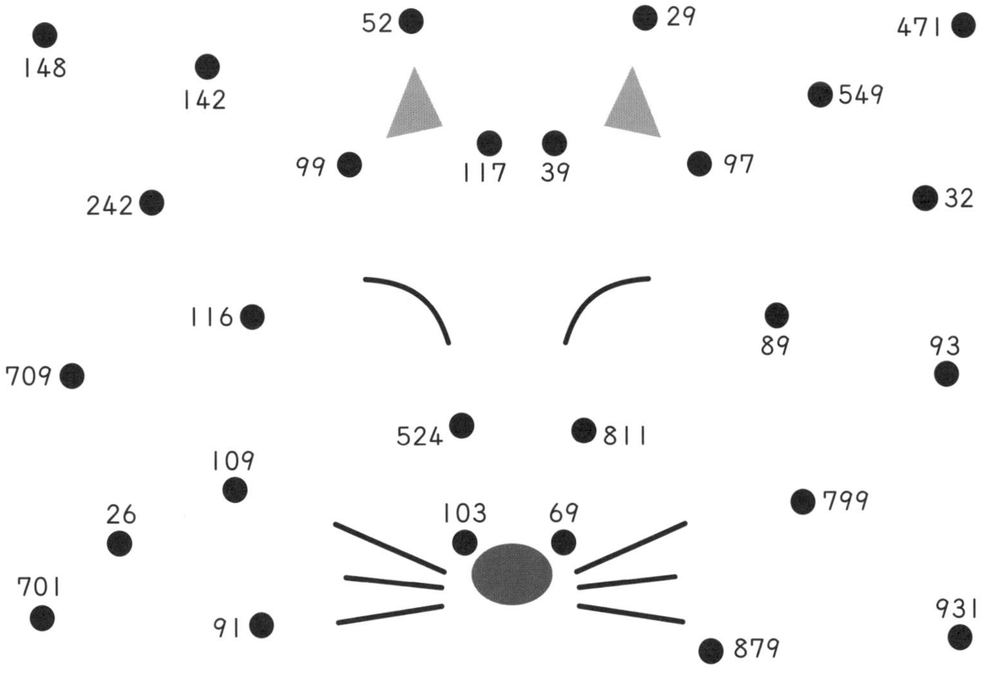

べんきょうした日　　月　　日

# 71 (　)のある計算

りかい

▶▶▶ 答えはべっさつ12ページ

①〜④：1問10点　⑤〜⑧：1問15点

点数　　点

つぎの計算をしましょう。

① 48+(10+30)=□+□=□

10+30 を先に計算する

② 19+(50+20)=□+□=□

50+20 を先に計算する

③ (20+10)+24=□+□=□

20+10 を先に計算する

④ (10+30)+33=□+□=□

10+30 を先に計算する

⑤ 27+(18+32)=□+□=□

18+32 を先に計算する

⑥ 13+(35+5)=□+□=□

35+5 を先に計算する

⑦ (27+23)+9=□+□=□

27+23 を先に計算する

⑧ (8+42)+23=□+□=□

8+42 を先に計算する

べんきょうした日　　月　　日

# 72 (　)のある計算

れんしゅう

答えはべっさつ13ページ

①～⑩：1問8点　⑪～⑫：1問10点

点数　　点

つぎの計算をしましょう。

① 23+(40+10)

② 39+(20+30)

③ (50+10)+26

④ (30+30)+15

⑤ 19+(37+23)

⑥ 28+(16+34)

⑦ (18+22)+23

⑧ (35+15)+26

⑨ 3+(21+29)

⑩ 11+(26+4)

⑪ (5+55)+28

⑫ (22+38)+9

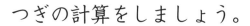

# 73 (　)のある計算

れんしゅう

答えはべっさつ13ページ

①〜⑩：1問8点　⑪〜⑫：1問10点

点数　　点

つぎの計算をしましょう。

① 12+(30+50)

② 25+(10+10)

③ (40+10)+36

④ (20+30)+33

⑤ 24+(18+12)

⑥ 19+(26+14)

⑦ (29+21)+28

⑧ (15+35)+37

⑨ 5+(42+18)

⑩ 9+(54+6)

⑪ (33+17)+2

⑫ (9+81)+1

# 74 (　)のある計算

れんしゅう

▶▶▶ 答えはべっさつ13ページ

①～⑩：1問8点　⑪～⑫：1問10点

点数

点

つぎの計算をしましょう。

① 31+(30+30)

② 17+(10+20)

③ (20+20)+13

④ (40+10)+8

⑤ 19+(27+3)

⑥ 4+(28+32)

⑦ (1+9)+33

⑧ (7+83)+5

⑨ 18+(34+16)

⑩ 27+(17+23)

⑪ (22+18)+15

⑫ (15+15)+39

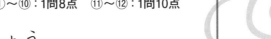

べんきょうした日　　月　　日

# 75 計算のくふう

りかい

▶▶▶ 答えはべっさつ13ページ

①～②：1問10点　③～⑥：1問20点

点数　　点

くふうして計算しましょう。

① 48＋10＋30＝□＋(□＋□)　← 10+30を先に計算すると一のくらいが0になって計算がかんたん

＝□＋□＝□

② 25＋30＋20＝□＋(□＋□)　← 30+20を先に計算すると一のくらいが0になって計算がかんたん

＝□＋□＝□

③ 32＋26＋24＝□＋(□＋□)　← 26+24を先に計算すると一のくらいが0になって計算がかんたん

＝□＋□＝□

④ 20＋40＋13＝(□＋□)＋□　← 20+40を先に計算すると一のくらいが0になって計算がかんたん

＝□＋□＝□

⑤ 15＋25＋38＝(□＋□)＋□　← 15+25を先に計算すると一のくらいが0になって計算がかんたん

＝□＋□＝□

⑥ 8＋12＋49＝(□＋□)＋□　← 8+12を先に計算すると一のくらいが0になって計算がかんたん

＝□＋□＝□

べんきょうした日　　月　　日

# 76 計算のくふう

れんしゅう

▶▶▶ 答えはべっさつ13ページ

①～⑩：1問8点　⑪～⑫：1問10点

点数

点

くふうして計算しましょう。

① 23+30+30

② 18+40+20

③ 20+10+37

④ 30+10+55

⑤ 18+23+17

⑥ 11+28+22

⑦ 39+21+28

⑧ 25+25+49

⑨ 4+38+32

⑩ 9+51+6

⑪ 3+27+8

⑫ 2+46+4

べんきょうした日　月　日

# 77 計算のくふう

れんしゅう

▶▶▶ 答えはべっさつ13ページ

①～⑩：1問8点　⑪～⑫：1問10点

点数　　点

くふうして計算しましょう。

① 37+10+40

② 20+10+28

③ 44+16+26

④ 22+39+1

⑤ 18+12+65

⑥ 19+1+53

⑦ 36+23+7

⑧ 25+5+34

⑨ 39+11+6

⑩ 27+24+26

⑪ 16+17+3

⑫ 9+8+72

べんきょうした日　　月　　日

# 78 計算のくふうのまとめ
## なにがのこるかな？

答えはべっさつ13ページ

左と右のカードで，計算《けいさん》の答《こた》えが同《おな》じになるものを線《せん》でむすんだとき，のこったカードの文字をくっつけるとできることばはなにかな？

- 31+27+23　く
- 18+42+9　う
- 28+33+7　あ
- 8+52+13　つ
- 53+29+1　お
- 26+14+15　か

- き　44+6+13
- み　23+17+15
- り　51+28+2
- に　34+16+33
- さ　39+11+18
- ま　29+22+18

べんきょうした日　月　日

# 79 2，3，4，5のだんの九九

りかい

▶▶▶ 答えはべっさつ14ページ

①～⑫：1問6点　⑬～⑯：1問7点

点数　点

かけ算をしましょう。

① 2 × 2《にんがし》 = □　　② 3 × 2《さんにがろく》 = □

③ 4 × 2《しにがはち》 = □　　④ 5 × 2《ごにじゅう》 = □

⑤ 2 × 8《にはちじゅうろく》 = □　　⑥ 2 × 7《にしちじゅうし》 = □

⑦ 2 × 9《にくじゅうはち》 = □　　⑧ 3 × 3《さざんがく》 = □

⑨ 3 × 6《さぶろくじゅうはち》 = □　　⑩ 3 × 7《さんしちにじゅういち》 = □

⑪ 4 × 1《しいちがし》 = □　　⑫ 4 × 5《しごにじゅう》 = □

⑬ 4 × 7《ししちにじゅうはち》 = □　　⑭ 5 × 5《ごごにじゅうご》 = □

⑮ 5 × 8《ごはしじゅう》 = □　　⑯ 5 × 9《ごっくしじゅうご》 = □

べんきょうした日　月　日

# 80 2，3，4，5のだんの九九

れんしゅう

答えはべっさつ14ページ

①～⑫：1問6点　⑬～⑯：1問7点

点数　点

かけ算をしましょう。

① 2 × 1　　② 2 × 3

③ 2 × 4　　④ 2 × 5

⑤ 3 × 1　　⑥ 3 × 4

⑦ 3 × 5　　⑧ 3 × 8

⑨ 4 × 3　　⑩ 4 × 4

⑪ 4 × 6　　⑫ 4 × 8

⑬ 5 × 1　　⑭ 5 × 3

⑮ 5 × 4　　⑯ 5 × 6

べんきょうした日　　月　　日

# 81 2，3，4，5のだんの九九

れんしゅう

▶▶▶ 答えはべっさつ14ページ

点数　　点

①～⑫：1問6点　⑬～⑯：1問7点

かけ算をしましょう。

① 2 × 6　　② 2 × 9

③ 2 × 2　　④ 2 × 8

⑤ 3 × 7　　⑥ 3 × 2

⑦ 3 × 9　　⑧ 3 × 3

⑨ 4 × 5　　⑩ 4 × 9

⑪ 4 × 7　　⑫ 4 × 2

⑬ 5 × 7　　⑭ 5 × 9

⑮ 5 × 2　　⑯ 5 × 5

# 82 2，3，4，5のだんの九九

れんしゅう

答えはべっさつ14ページ

①～⑫：1問6点　⑬～⑯：1問7点

点数　　点

かけ算をしましょう。

① 2 × 5

② 2 × 3

③ 2 × 4

④ 2 × 7

⑤ 3 × 4

⑥ 3 × 8

⑦ 3 × 6

⑧ 3 × 1

⑨ 4 × 6

⑩ 4 × 4

⑪ 4 × 8

⑫ 4 × 1

⑬ 5 × 8

⑭ 5 × 3

⑮ 5 × 6

⑯ 5 × 4

# 83 6，7，8，9，1のだんの九九

りかい

▶▶▶ 答えはべっさつ14ページ

①～⑫：1問6点　⑬～⑯：1問7点

点数　　点

かけ算をしましょう。

① $6 \times 2$《ろくにじゅうに》 = □

② $7 \times 2$《しちにじゅうし》 = □

③ $8 \times 2$《はちにじゅうろく》 = □

④ $9 \times 2$《くにじゅうはち》 = □

⑤ $6 \times 6$《ろくろくさんじゅうろく》 = □

⑥ $6 \times 9$《ろっくごじゅうし》 = □

⑦ $7 \times 4$《しちしにじゅうはち》 = □

⑧ $7 \times 8$《しちはごじゅうろく》 = □

⑨ $8 \times 3$《はちさんにじゅうし》 = □

⑩ $8 \times 6$《はちろくしじゅうはち》 = □

⑪ $8 \times 9$《はっくしちじゅうに》 = □

⑫ $9 \times 1$《くいちがく》 = □

⑬ $9 \times 4$《くしさんじゅうろく》 = □

⑭ $9 \times 9$《くくはちじゅういち》 = □

⑮ $1 \times 1$《いんいちがいち》 = □

⑯ $1 \times 5$《いんごがご》 = □

べんきょうした日　　月　　日

# 84 6，7，8，9，1のだんの九九

れんしゅう

▶▶▶ 答えはべっさつ15ページ

①～⑫：1問6点　⑬～⑯：1問7点

点数　　　点

かけ算をしましょう。

① 6 × 1　　② 6 × 4

③ 6 × 5　　④ 6 × 8

⑤ 7 × 1　　⑥ 7 × 3

⑦ 7 × 6　　⑧ 7 × 9

⑨ 8 × 4　　⑩ 8 × 7

⑪ 8 × 8　　⑫ 9 × 5

⑬ 9 × 8　　⑭ 9 × 7

⑮ 1 × 3　　⑯ 1 × 7

べんきょうした日　月　日

# 85 6，7，8，9，1のだんの九九

れんしゅう

答えはべっさつ15ページ

点数　点

①～⑫：1問6点　⑬～⑯：1問7点

かけ算をしましょう。

① 6 × 7　② 6 × 9

③ 6 × 3　④ 7 × 5

⑤ 7 × 7　⑥ 7 × 4

⑦ 8 × 1　⑧ 8 × 5

⑨ 9 × 6　⑩ 9 × 9

⑪ 9 × 3　⑫ 1 × 4

⑬ 1 × 2　⑭ 1 × 8

⑮ 1 × 9　⑯ 1 × 6

べんきょうした日　　月　　日

# 86 6，7，8，9，1のだんの九九

れんしゅう

▶▶▶ 答えはべっさつ15ページ

点数　　点

①〜⑫：1問6点　⑬〜⑯：1問7点

かけ算をしましょう。

① 6 × 6

② 6 × 2

③ 6 × 8

④ 7 × 3

⑤ 7 × 8

⑥ 7 × 2

⑦ 8 × 3

⑧ 8 × 9

⑨ 8 × 6

⑩ 8 × 7

⑪ 9 × 5

⑫ 9 × 1

⑬ 9 × 4

⑭ 9 × 2

⑮ 1 × 5

⑯ 1 × 7

べんきょうした日　　月　　日

# 87 1〜9のだんの九九

れんしゅう

▶▶▶ 答えはべっさつ15ページ

①〜⑫：1問6点　⑬〜⑯：1問7点

点数　　点

かけ算をしましょう。

① 6 × 3　　② 2 × 2

③ 8 × 5　　④ 9 × 8

⑤ 3 × 1　　⑥ 5 × 7

⑦ 7 × 8　　⑧ 1 × 1

⑨ 4 × 6　　⑩ 2 × 9

⑪ 8 × 4　　⑫ 7 × 2

⑬ 9 × 3　　⑭ 5 × 5

⑮ 1 × 4　　⑯ 3 × 6

べんきょうした日　　月　　日

# 88 1～9のだんの九九

れんしゅう

▶▶▶ 答えはべっさつ15ページ

①～⑫：1問6点　⑬～⑯：1問7点

点数　　点

かけ算をしましょう。

① 8 × 2

② 4 × 3

③ 6 × 5

④ 3 × 7

⑤ 7 × 5

⑥ 5 × 4

⑦ 8 × 9

⑧ 2 × 7

⑨ 5 × 3

⑩ 1 × 3

⑪ 2 × 4

⑫ 9 × 4

⑬ 1 × 7

⑭ 4 × 4

⑮ 7 × 6

⑯ 6 × 2

べんきょうした日　　月　　日

# 89 1～9のだんの九九

れんしゅう

▶▶▶ 答えはべっさつ15ページ

①～⑫：1問6点　⑬～⑯：1問7点

点数　　点

かけ算をしましょう。

① 2 × 3　　② 1 × 2

③ 7 × 1　　④ 9 × 6

⑤ 3 × 3　　⑥ 6 × 4

⑦ 1 × 9　　⑧ 4 × 7

⑨ 5 × 2　　⑩ 9 × 9

⑪ 3 × 9　　⑫ 4 × 5

⑬ 7 × 4　　⑭ 6 × 8

⑮ 1 × 5　　⑯ 3 × 8

べんきょうした日　　月　　日

90

九九のまとめ

# いくつかな？

▶▶▶答えはべっさつ15ページ

つぎのなぞなぞの答《こた》えはなにかな？
ヒントは九九だよ！

① ごご のおやつ，クッキーは何《なん》こかな？

② インク で文字をかいたよ。何文字かな？

③ うみで サンゴ をひろったよ。何こかな？

④ シク シク，何《なん》回《かい》ないたかな？

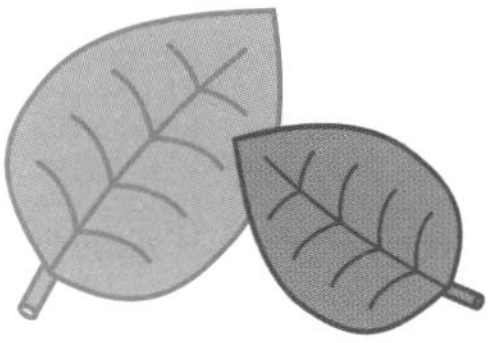

⑤ 何まい はっぱ がおちたかな？

⑥ せなかを ゴシ ゴシ，何回あらったかな？

⑦ ロック のコンサート，おきゃくは何人？

⑧ お水を ごっく ん，何回のんだかな？

⑨ お にく を何まい食べたかな？

⑩ さざん かがさいてる。何本かな？

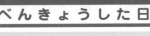

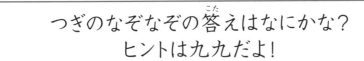

べんきょうした日　月　日

# 91 2けたと1けたのかけ算 ①

りかい

▶▶▶ 答えはべっさつ16ページ

1問20点

点数　点

かけ算をしましょう。

① $4 \times 10 = 4 \times 9 + 4$ ← 4×9より4だけ多い

$= \square + \square = \square$

② $6 \times 10 = 6 \times 9 + 6$ ← 6×9より6だけ多い

$= \square + \square = \square$

③ $5 \times 11 = 5 \times 10 + 5$ ← 5×10より5だけ多い

$= \underline{5 \times 9} + \underline{5 + 5}$ ← 5×9より（5+5）だけ多い

$= \square + \square = \square$

④ $7 \times 11 = 7 \times 10 + 7$ ← 7×10より7だけ多い

$= \underline{7 \times 9} + \underline{7 + 7}$ ← 7×9より（7+7）だけ多い

$= \square + \square = \square$

⑤ $3 \times 12 = 3 \times 11 + 3$ ← 3×11より3だけ多い

$= 3 \times 10 + 3 + 3$ ← 3×10より（3+3）だけ多い

$= \underline{3 \times 9} + \underline{3 + 3 + 3}$ ← 3×9より（3+3+3）だけ多い

$= \square + \square = \square$

べんきょうした日　　月　　日

# 92 2けたと1けたのかけ算①

れんしゅう

▶▶▶ 答えはべっさつ16ページ

①〜⑫：1問6点　⑬〜⑯：1問7点

点数　　点

かけ算をしましょう。

① 2 × 11

② 8 × 10

③ 1 × 12

④ 5 × 10

⑤ 7 × 12

⑥ 2 × 10

⑦ 4 × 11

⑧ 9 × 10

⑨ 6 × 12

⑩ 3 × 11

⑪ 1 × 10

⑫ 8 × 11

⑬ 7 × 10

⑭ 2 × 12

⑮ 9 × 11

⑯ 4 × 12

べんきょうした日　　月　　日

# 93 2けたと1けたのかけ算②

りかい

▶▶▶ 答えはべっさつ16ページ

点数

1問25点

点

かけ算をしましょう。

① $10\times2=2\times10$ ← かける数とかけられる数を入れかえても答えは同じ

$=2\times9+2$ ← 2×9より2だけ多い

$=$ □ $+$ □ $=$ □

② $10\times5=5\times10$ ← かける数とかけられる数を入れかえても答えは同じ

$=5\times9+5$ ← 5×9より5だけ多い

$=$ □ $+$ □ $=$ □

③ $11\times3=3\times11$ ← かける数とかけられる数を入れかえても答えは同じ

$=3\times10+3$ ← 3×10より3だけ多い

$=\underline{3\times9}+\underline{3+3}$ ← 3×9より（3+3）だけ多い

$=$ □ $+$ □ $=$ □

④ $12\times7=7\times12$ ← かける数とかけられる数を入れかえても答えは同じ

$=7\times11+7$ ← 7×11より7だけ多い

$=7\times10+7+7$ ← 7×10より（7+7）だけ多い

$=\underline{7\times9}+\underline{7+7+7}$ ← 7×9より（7+7+7）だけ多い

$=$ □ $+$ □ $=$ □